Elefante

elefante EDITORA

Conselho editorial
Bianca Oliveira
João Peres
Tadeu Breda

elefante EM QUADRINHOS

Edição
Tadeu Breda

Revisão
Luiza Brandino

Capa
breno

Direção de arte
Bianca Oliveira

Robson Vilalba

UM GRANDE ACORDO NACIONAL

**O jornalismo
é um rascunho bruto
da história.**

— Philip Graham

8 de agosto de 2016. Curitiba.

17h15

Do jornal onde eu trabalhava até a Praça Santos Andrade são dez minutos em passos rápidos.

Enquanto em Brasília o Senado se prepara para votar o início do julgamento de impeachment da presidenta Dilma Rousseff, em Curitiba um circo é montado.

Inspirado no Circo da Constituinte, realizado no mesmo lugar em 1987...

...o Circo da Democracia saiu em defesa da presidenta promovendo debates, palestras e atividades culturais.

Parti com o objetivo de conseguir uma entrevista com ela.

Naquela segunda-feira, às 17h, Dilma participaria de um ato no Circo da Democracia.

Havia feito um contato prévio com a organização do evento e eles foram bem claros comigo: "Sem chance!".

OI, FER! VOCÊ TÁ ONDE?

OI, VILALBA! ESTOU NA ESCADARIA.

TÁ!

Eu tinha um plano A e um plano B. Os dois meio furados.

OI, FER! FALOU COM O PESSOAL?

ENTÃO, VILALBA, A GENTE ACHOU QUE IA ROLAR, MAS SÓ CONSEGUI DUAS CREDENCIAIS.

A VIR E O MARIDO ENTRARAM COM ELAS.

Plano A: Fernanda trabalhava na agência que estava fazendo a assessoria do evento.

E VOCÊ VAI ENTRAR?

TINHA QUE FAZER UM AGENDAMENTO. E DEPOIS TEM ESSA FILA AÍ.

VOU LIGAR PRA VIR.

EU TÔ TENTANDO LIGAR PRA ELA, VILA. ELA NÃO ATENDE.

VAMOS TENTAR CHAMÁ-LA NA ENTRADA.

VAMOS.

É, ELA NÃO ATENDE.

VAAAAI!

Plano B: Eu tinha uma credencial de uma amiga do jornal.

— TÔ COM UMA CREDENCIAL AQUI. MAS NÃO TÁ NO MEU NOME.

— TENTA, VAI!

— AQUI É FILA PRA ONDE?

— AQUI É A FILA DA IMPRENSA.

— IMPRENSA É POR AQUI.

— BOA SORTE!

— VOU LÁ.

PRÓLOGO

"A porta da verdade estava aberta

mas só deixava passar meia pessoa de cada vez.

Assim não era possível atingir toda a verdade, porque a meia pessoa que entrava só conseguia o perfil de meia verdade.

E sua segunda metade voltava igualmente com meio perfil.

E os meios perfis não coincidiam.

Arrebentaram a porta. Derrubaram a porta.

Chegaram ao lugar luminoso onde a verdade esplendia os seus fogos.

Era dividida em duas metades diferentes uma da outra.

E era preciso optar.

Chegou-se a discutir qual a metade mais bela. Nenhuma das duas era perfeitamente bela.

Cada um optou

conforme seu capricho,

sua ilusão,

sua miopia".

✻ Carlos Drummond de Andrade. "A verdade dividida", em *Contos plausíveis*. Rio de Janeiro: José Olympio, 1985.

No dia 2 de dezembro de 2015, o presidente da Câmara dos Deputados, Eduardo Cunha, convocou uma coletiva de imprensa.

COMPLETEI DEZ MESES NA PRESIDÊNCIA DA CÂMARA ONTEM.

EM TODOS OS LUGARES QUE EU ANDAVA, SÓ OUVIA AS PESSOAS COBRANDO POSICIONAMENTO SOBRE O IMPEACHMENT.

MEU POSICIONAMENTO SEMPRE FOI COERENTE E DE NATUREZA TÉCNICA...

...A MIM, NÃO TEM NENHUMA FELICIDADE DE PRATICAR ESSE ATO...

...O JUÍZO DO PRESIDENTE DA CÂMARA É DE AUTORIZAR A ABERTURA...

...EU NÃO QUIS OCUPAR A PRESIDÊNCIA DA CÂMARA PARA SER PROTAGONISTA DA ACEITAÇÃO DE UM PEDIDO DE IMPEACHMENT.

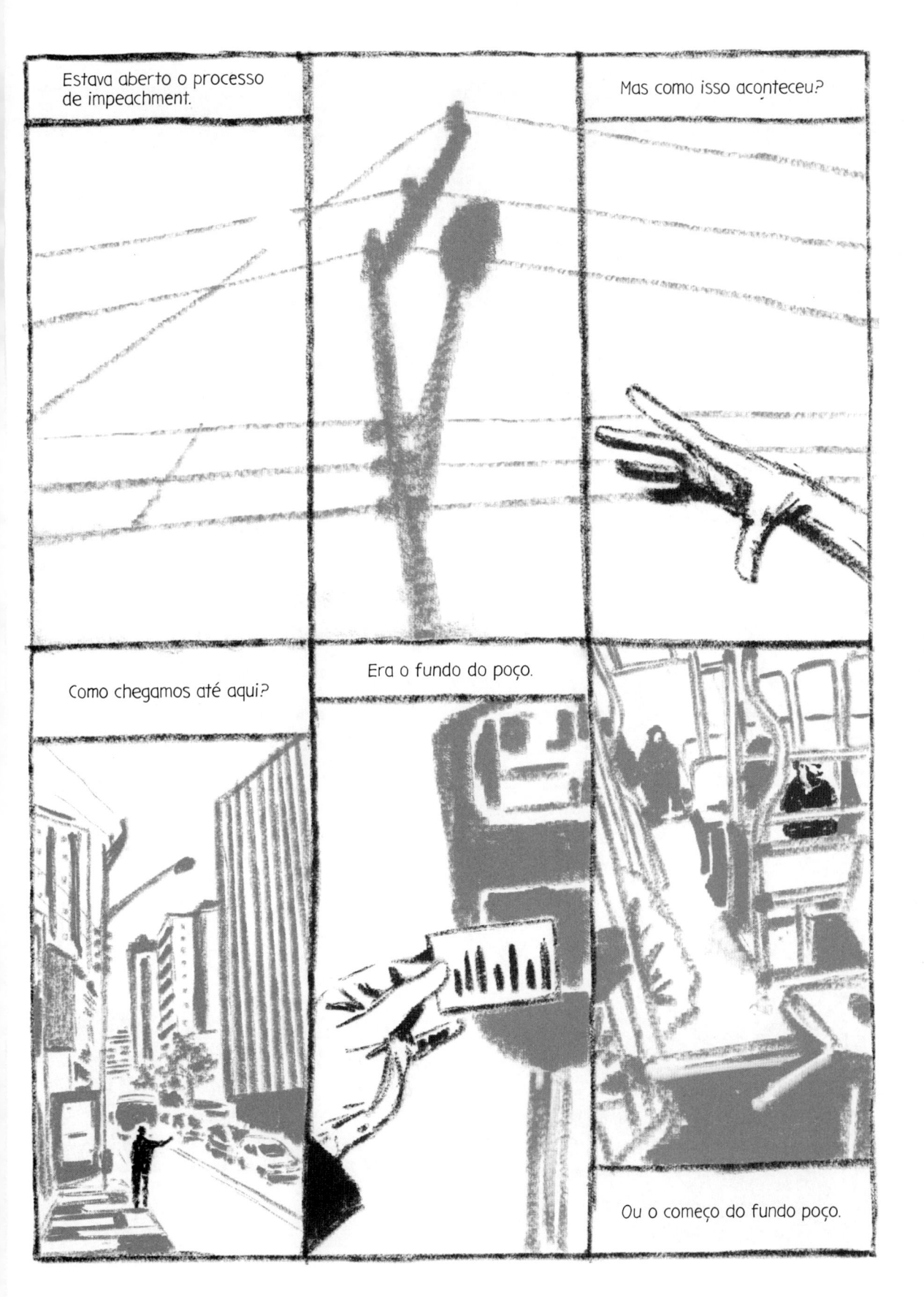

Estava aberto o processo de impeachment.

Mas como isso aconteceu?

Como chegamos até aqui?

Era o fundo do poço.

Ou o começo do fundo poço.

Uma onda global de nacionalismos...

...de extrema direita.

Escândalos de corrupção envolvendo estatais...

Ninguém estava entendendo nada direito.

E era justamente o que eu estava tentando fazer: entender.

O LIVRO É SOBRE O QUÊ, MESMO?

Antes de vir parar no Circo da Democracia, eu estava concluindo um livro sobre o Haiti, mas em todo lugar (TV, almoço em família, grupo de WhatsApp...) o assunto era a crise política brasileira.

OLÁ, MEU NOME É ROBSONVILALBA. EU...

...TRABALHO COM JORNALISMO EM QUADRINHOS E...

Foi quando eu comecei este livro.

...ESTOU TRABALHANDO EM UM LIVRO SOBRE...

Aproveitei o evento do Circo para tentar falar com a presidenta Dilma. Eu queria entender o que estava acontecendo, queria ouvir a opinião de cientistas políticos, professores de Direito, jornalistas... Mas pergunto o quê? Se eu perguntar sobre impeachment e o entrevistado for contra, vai me taxar de golpista. Se chamar de golpe, corro o risco de ser visto como petista.

QUERIA MARCAR UMA ENTREVISTA SOBRE A CRISE, O MOMENTO... A CONJUNTURA...

SE ACHAR MELHOR, POSSO RETORNAR DAQUI UM MÊS...

Segundo problema: eu, um Zé Ninguém. As pessoas não se empolgam em dar entrevista para um Zé Ninguém. Ainda mais em quadrinhos.

Bom, tem um terceiro problema: as reviravoltas foram tão intensas que ninguém queria arriscar nenhum palpite.

ATROPELADO PELOS FATOS

Só para você ter uma ideia...

...no dia 3 de março de 2016, a revista *IstoÉ* estampa a manchete: "Delcídio conta tudo".

Senador pelo Partido dos Trabalhadores (PT) e ex-membro do Partido da Social Democracia Brasileira (PSDB)...

...Delcídio do Amaral havia sido preso em novembro de 2015, acusado de atrapalhar a apuração da Operação Lava Jato.

Depois disso, resolveu entrar no jogo...

...centrando fogo no ex-presidente Lula e na presidenta Dilma...

...e uma parte das quatrocentas páginas do acordo de delação premiada se espalhou rapidamente pela mídia.

No dia seguinte, 4 de março, às 6h da manhã, em São Bernardo do Campo...

TOC TOC TOC TOC TOC TOC TOC TOC

...acompanhado pelo Comando de Operações Táticas, a Polícia Federal (PF) conduz...

...coercitivamente o ex-presidente Lula na 24ª fase da Operação Lava Jato.

Cobertura 24 horas, comentários ao vivo, helicópteros, transmissão em rede nacional...

O operativo se transformou em um espetáculo.

A surpresa maior veio quando, em vez de levá-lo à delegacia, foram para o aeroporto internacional de Guarulhos.

Por que levaram Lula para depor em um aeroporto?

Horas depois, grupos favoráveis e contrários ao ex-presidente se manifestaram em frente à sua residência.

Lula foi liberado ainda pela manhã.

Pouco mais de uma semana depois, em 13 de março, pessoas de verde e amarelo vão às ruas em mais de trezentas cidades em todo o Brasil.

6,9 milhões de brasileiros, segundo os organizadores.

Na segunda-feira, 14, ainda pela manhã, Dilma se reuniu com nove ministros para avaliar o impacto das manifestações.

Deixaram a reunião declarando que o protesto era contra a política como um todo.

No dia seguinte, 15 de março, após a delação de Delcídio do Amaral ser homologada pelo Supremo Tribunal Federal, surgem os nomes de Aécio Neves, candidato do PSDB derrotado nas eleições de 2014, de Eduardo Cunha (PMDB), presidente da Câmara dos Deputados, e até mesmo do vice-presidente, Michel Temer.

Quarta-feira, 16 de março: Lula é anunciado ministro da Casa Civil. Poucas horas depois...

ALÔ!

...o juiz Sérgio Moro libera o conteúdo de grampos feitos no telefone do ex-presidente Luiz Inácio Lula da Silva.

Entre as conversas colhidas pela Polícia Federal, um diálogo ocorrido horas antes com a presidenta Dilma Rousseff.

ALÔ.

ALÔ.

LULA, DEIXA EU TE FALAR UMA COISA.

FALA, QUERIDA!

SEGUINTE, EU TÔ MANDANDO O BESSIAS JUNTO COM O PAPEL...

...PRA GENTE TER ELE, E SÓ USA EM CASO DE NECESSIDADE,

...QUE É O TERMO DE POSSE, TÁ?!

TÁ BOM, TÁ BOM!

Um juiz federal resolveu desafiar a própria lei ao publicar interceptações telefônicas da presidenta da República.

Na rua, mais protestos.

Horas depois...

BOM DIA!

VERGONHA! VERGONHA!

...um grito interrompe a cerimônia de posse.

UUUUUUHHHHHHH!!

QUERIDOS AMIGOS, QUERIDAS AMIGAS! TODO MUNDO SABE QUE AS DIFICULDADES, MUITAS VEZES, COSTUMAM CRIAR GRANDES OPORTUNIDADES.

AS CIRCUNSTÂNCIAS ATUAIS ME DÃO A MAGNÍFICA CHANCE DE TRAZER PARA O GOVERNO O MAIOR LÍDER POLÍTICO DESTE PAÍS.

SEJA BEM-VINDO, QUERIDO COMPANHEIRO MINISTRO LUIZ INÁCIO.

MINISTRO LULA!

Dilma havia reunido a imprensa e as lideranças do governo para anunciar Lula como o novo titular da Casa Civil.

Poucas horas depois, um juiz federal de Brasília suspendeu a nomeação de Lula.

Você entendeu que isso tudo ocorreu em pouco mais de quinze dias? Que uma delação contra diversos políticos virou notícia contra um único partido? Que a polícia levou um ex-presidente da República para depor em um aeroporto? Que um juiz de primeira instância passava incólume ao divulgar áudios da presidenta da República? Que a presidenta tentou salvar seu governo chamando o antecessor para ser ministro?

AS JORNADAS DE JUNHO

Todo brasileiro que era jovem ou adulto em 2013 tem alguma história para contar sobre junho daquele ano.

O que não faz sentido é pensar que tudo aquilo aconteceu em um dos melhores momentos da nossa história recente.

O país se preparava para sediar a Copa e as Olimpíadas, a taxa de desemprego chegou a cair para 4,3%, uma das mais baixas desde o início da série histórica do IBGE.

Todo mundo de carro novo, viajando para o exterior.

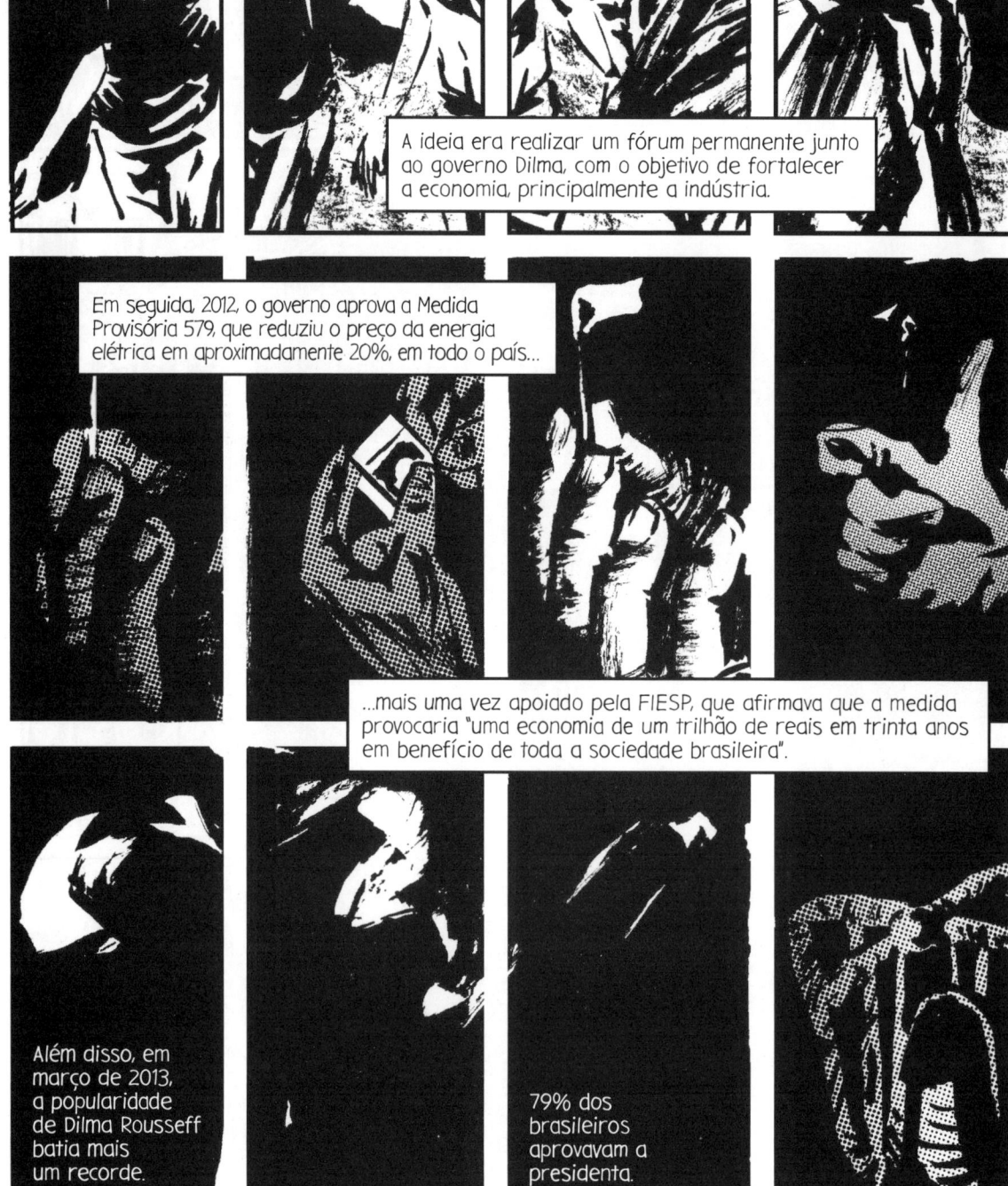

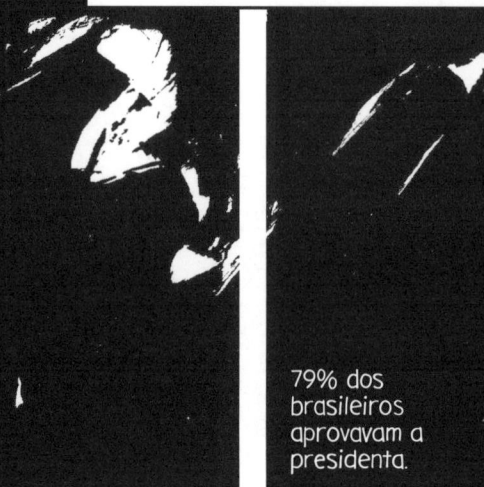

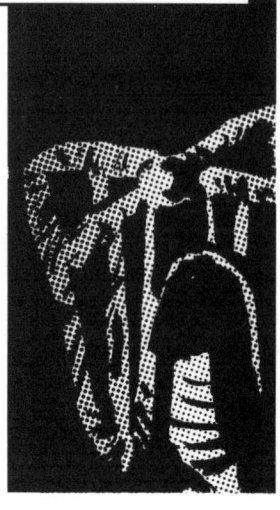

Em 2011, a FIESP (Federação das Indústrias do Estado de São Paulo), a CUT (Central Única dos Trabalhadores) e a Força Sindical haviam selado um acordo, o "Brasil do Diálogo, da Produção e do Emprego".

A ideia era realizar um fórum permanente junto ao governo Dilma, com o objetivo de fortalecer a economia, principalmente a indústria.

Em seguida, 2012, o governo aprova a Medida Provisória 579, que reduziu o preço da energia elétrica em aproximadamente 20%, em todo o país...

...mais uma vez apoiado pela FIESP, que afirmava que a medida provocaria "uma economia de um trilhão de reais em trinta anos em benefício de toda a sociedade brasileira".

Além disso, em março de 2013, a popularidade de Dilma Rousseff batia mais um recorde.

79% dos brasileiros aprovavam a presidenta.

Ou seja, até aqui, a FIESP parecia caminhar ao lado do governo petista.

Falaremos sobre a FIESP ao longo do livro, pois seu papel é importante nesta trama.

O gatilho dos protestos, o reajuste de vinte centavos no valor do transporte público...

...foi também o gatilho para que esquerda e direita iniciassem um confronto aberto e direto.

Um confronto de narrativas e de poder.

O fim da "aliança de classes", como advertiram alguns analistas.

Aquela batalha ideológica travada nas ruas em junho de 2013 pode ter sido o início de uma onda de extrema direita que nos trouxe à realidade que passamos a viver em 2019.

> SE A PASSAGEM NÃO BAIXAR, O RIO VAI PARAR! MÃOS A OBRA DCE UNE

Os protestos ocorreram em todo o Brasil.

O Movimento Passe Livre ocupou as ruas de São Paulo pela primeira vez em 6 de junho...

...e realizou novas manifestações nos dias 7 e 11, todas reprimidas violentamente pela Polícia Militar (PM).

DEU NO JORNAL

MAIS UMA VEZ, A VIOLÊNCIA E O VANDALISMO CARACTERIZARAM AS MANIFESTAÇÕES, LIDERADAS POR PARTIDOS RADICAIS DE EXTREMA ESQUERDA...

Como sempre, os maiores grupos de comunicação do país se manifestavam contra os protestos.

ISSO É UMA VERGONHA!

No dia 12 de junho, o cronista da Rede Globo, Arnaldo Jabor, partiu para o ataque.

MAS, AFINAL, O QUE PROVOCA UM ÓDIO TÃO VIOLENTO CONTRA A CIDADE?

...NÃO PODE SER POR CAUSA DE VINTE CENTAVOS. A GRANDE MAIORIA DOS MANIFESTANTES SÃO FILHOS DE CLASSE MÉDIA, ISSO É VISÍVEL.

...NO FUNDO, TUDO É UMA IMENSA IGNORÂNCIA POLÍTICA...

...REALMENTE, ESSES REVOLTOSOS DE CLASSE MÉDIA NÃO VALEM NEM VINTE CENTAVOS!

A imprensa é uma personagem importante nesta história toda.

Os editoriais exigem da polícia uma resposta à altura.

O jornal *O Estado de S. Paulo* disse que os manifestantes, que preferiu chamar de "baderneiros", "ultrapassaram, ontem, todos os limites e, daqui para a frente, ou as autoridades determinam que a polícia aja com maior rigor do que vem fazendo, ou a capital paulista ficará entregue à desordem, o que é inaceitável."

Em editorial intitulado "Retomar a Paulista", a *Folha de S. Paulo* escreveu: "São jovens predispostos à violência por uma ideologia pseudorrevolucionária, que buscam tirar proveito da compreensível irritação geral com o preço pago para viajar em ônibus e trens superlotados. [...] É hora de pôr um ponto final nisso."

E foi o que a polícia fez.

Dessa vez, porém, a repressão pegou mal. A imprensa começou a se pronunciar favoravelmente aos protestos. E o apoio surgiu inclusive nos mesmos meios de comunicação que haviam incitado a violência policial.

À PRIMEIRA VISTA, ESSE MOVIMENTO PARECIA UMA PEQUENA PROVOCAÇÃO INÚTIL QUE MUITOS CRITICARAM ERRADAMENTE,

INCLUSIVE EU.

NÓS TEMOS DEMOCRACIA DESDE 1985, MAS DEMOCRACIA SE APERFEIÇOA, SE NÃO, DECAI...

...DE REPENTE APARECEU O POVO, DE REPENTE O BRASIL VIROU UM MAR. UMA JUVENTUDE QUE ESTAVA CALADA DESDE 2002...

...OS JOVENS DESPERTARAM PORQUE NINGUÉM AGUENTA MAIS VER A REPÚBLICA PARALISADA POR INTERESSES PARTIDÁRIOS OU PRIVADOS...

...OS JOVENS TERÃO NOS DADO UMA LIÇÃO: DEMOCRACIA JÁ TEMOS, AGORA TEMOS DE FORMAR UMA REPÚBLICA.

O governo do PT estava na berlinda novamente, o que só havia acontecido em 2006, no escândalo do mensalão. O repúdio à violência levou às ruas milhões de pessoas que nunca tinham participado de uma passeata. Pessoas que não eram membros de partidos, sindicatos ou movimentos sociais. Foi nessa hora que uma extrema direita, que era insignificante, passou a surfar na onda e começou a arrebanhar a classe média "rebelde".

As manifestações aproveitaram slogans de campanhas publicitárias que estavam no ar, como "Vem pra rua!", da fabricante de carros FIAT, e "O gigante acordou", da empresa de bebidas alcoólicas Johnnie Walker.

Outros cartazes estavam cheios de ironias e chistes como "Minha empregada que venha a pé" ou "Quero bolsa Louis Vuitton".

Conforme os municípios iam atendendo às reivindicações de não aumentar o valor da passagem, as manifestações começaram a acabar.

Ainda que as ações do MPL fossem municipais, e a repressão estadual, o ônus ficou para o governo federal. A imagem do PT foi ao chão.

No dia 24 de junho, a presidenta Dilma convidou os membros do MPL para uma reunião.

A esquerda teve seus vinte centavos, agora era hora de dar uma resposta à direita. No dia 24 de junho, após o encontro com o MPL, Dilma se reuniu com 27 governadores e 26 prefeitos para apresentar cinco pactos que atenderiam às demandas dos protestos.

Eram eles: reforma política, saúde, transporte, educação e responsabilidade fiscal.

A reforma política seria feita por plebiscito popular, para saber se o povo autorizaria uma constituinte exclusiva.

A ideia não durou 24 horas. Dilma foi aconselhada a desistir pelo seu vice-presidente, Michel Temer, e por José Eduardo Cardozo, que era seu ministro da Justiça e que, mais tarde, seria seu advogado no processo de impeachment.

Para a saúde, o governo criou o programa Mais Médicos, que contratou profissionais brasileiros e estrangeiros, principalmente cubanos, para trabalhar no atendimento à população.

Setores da elite tupiniquim não gostaram nada da ideia de médicos cubanos.

Para mobilidade urbana, o governo anunciou um investimento de 143 bilhões. Mesmo assim, nos anos seguintes os reajustes no transporte voltaram a ocorrer, como se nada tivesse acontecido.

Para a educação, Dilma queria o repasse de 100% dos royalties do petróleo: um recurso que só começaria a existir em 2020, após a exploração do pré-sal.

A responsabilidade fiscal não havia sido uma reivindicação das ruas. Dilma enfiou isso no meio para satisfazer a imprensa e a direita. E foi de fato a única meta que perseguiu. Ainda assim, o governo acabou vendo a inflação passar de 5,9% em 2013 para 10,6% em 2015, seu último ano completo de governo.

DE VOLTA ÀS RUAS

DE VOLTA AO CIRCO

8 de Agosto de 2016.
17h35

LEVANTA OS BRAÇOS, POR FAVOR.

É claro que eu estava inseguro.

ABRE A MOCHILA, POR FAVOR.

Tinha exército, polícia. Tudo.

"DILMA JÁ ESTÁ EM CURITIBA! LOGO ESTARÁ AQUI COM A GENTE!"

Havia outros profissionais do jornal em que eu trabalhava cobrindo o evento. E minha pauta em quadrinhos só emplacaria...

...se eu conseguisse falar com ela.

PODE ENTRAR.

...por estar usando a credencial de outra pessoa.

Estava feliz e ao mesmo tempo com uma sensação de culpa...

O jeito era procurar um lugar pra não dar bandeira.

Havia um grupo do Movimento Sem Terra (MST) bem perto do palco.

Ali era um ótimo lugar pra ficar.

Com certeza a polícia não ia ficar importunando o MST. Quer dizer...

...não ali, no evento que o MST estava ajudando a organizar.

Encontrei o pessoal do jornal.

E AÍ GALERA!

OH! O CARA É VIP.

EU TÔ COM CRACHÁ DA IMPRENSA.

MAS AÍ É PARA CONVIDADOS.

SÉRIO?! EU FUI ENTRANDO E A GALERA DEIXOU EU ENTRAR. E TÔ AQUI.

VOU TENTAR FALAR COM A DILMA.

CARA, SENTA NUMA CADEIRA POR AÍ QUE NINGUÉM VAI MEXER COM VOCÊ.

Ano de Copa e eleições. E lá vamos nós de novo.

Com a chegada da Copa do Mundo, uma nova onda de protestos foi desencadeada em 2014.

Contrários ao governo Dilma e ao PT, torcedores de verde e amarelo com dinheiro suficiente para desfrutar do megaevento da FIFA...

...manifestaram sua indignação no interior das arenas.

Do lado de fora...

...protestos contrários aos gastos com a Copa exigiam investimentos semelhantes em serviços públicos.

Já a polícia mantinha a mesma tradição de 2013.

Pessoas foram levadas para as delegacias.

Outras para o hospital.

Muitos feridos, inclusive jornalistas.

Do dia 12 ao dia 18 de junho de 2014, aproximadamente 180 pessoas foram detidas em protestos realizados em várias cidades.

A direita temia que uma vitória do Brasil na Copa fortalecesse a reeleição da presidenta Dilma. Mas o que aconteceu foi a humilhante derrota da Seleção por 7x1 para a Alemanha.

A tragédia serviu de modelo para todas as desventuras que se sucederam.

"Todo dia é um 7x1" virou bordão.

Para muitos analistas, o 7x1 foi o "golpe de misericórdia" no governo Dilma.

PRIMEIRO TURNO, SEGUNDO TURNO... TERCEIRO TURNO

Não foi apenas a Copa do Mundo que reservou tristes surpresas.

Na manhã do dia 13 de agosto, quarta-feira, por volta das 10h, a aeronave Cessna 560XL que levava Eduardo Campos...

...candidato à presidência pelo PSB, caiu em Santos, cidade do litoral de São Paulo, matando todos a bordo.

Os nomes de Dilma e Aécio, que despontavam como favoritos nas eleições...

...agora eram ameaçados por Marina Silva, vice de Eduardo Campos.

Marina Silva, que havia deixado o PT em 2009 após a onda de escândalos do mensalão, se apresentava como uma terceira via, em oposição ao que chamava de "velha política".

O impacto emocional da tragédia sugeria que ela seria um fenômeno eleitoral.

Não foi o que aconteceu.

Marina, que chegou a liderar as pesquisas, começou a cair nas intenções de voto ainda em setembro.

Dilma e Aécio partiram para o ataque.

Dilma falou sobre a proximidade de Marina com os bancos.

Aécio enfatizou suas raízes petistas, rotulando a candidata como "mais do mesmo".

Marina sucumbiu ainda no primeiro turno, e Dilma e Aécio seguiram para o segundo.

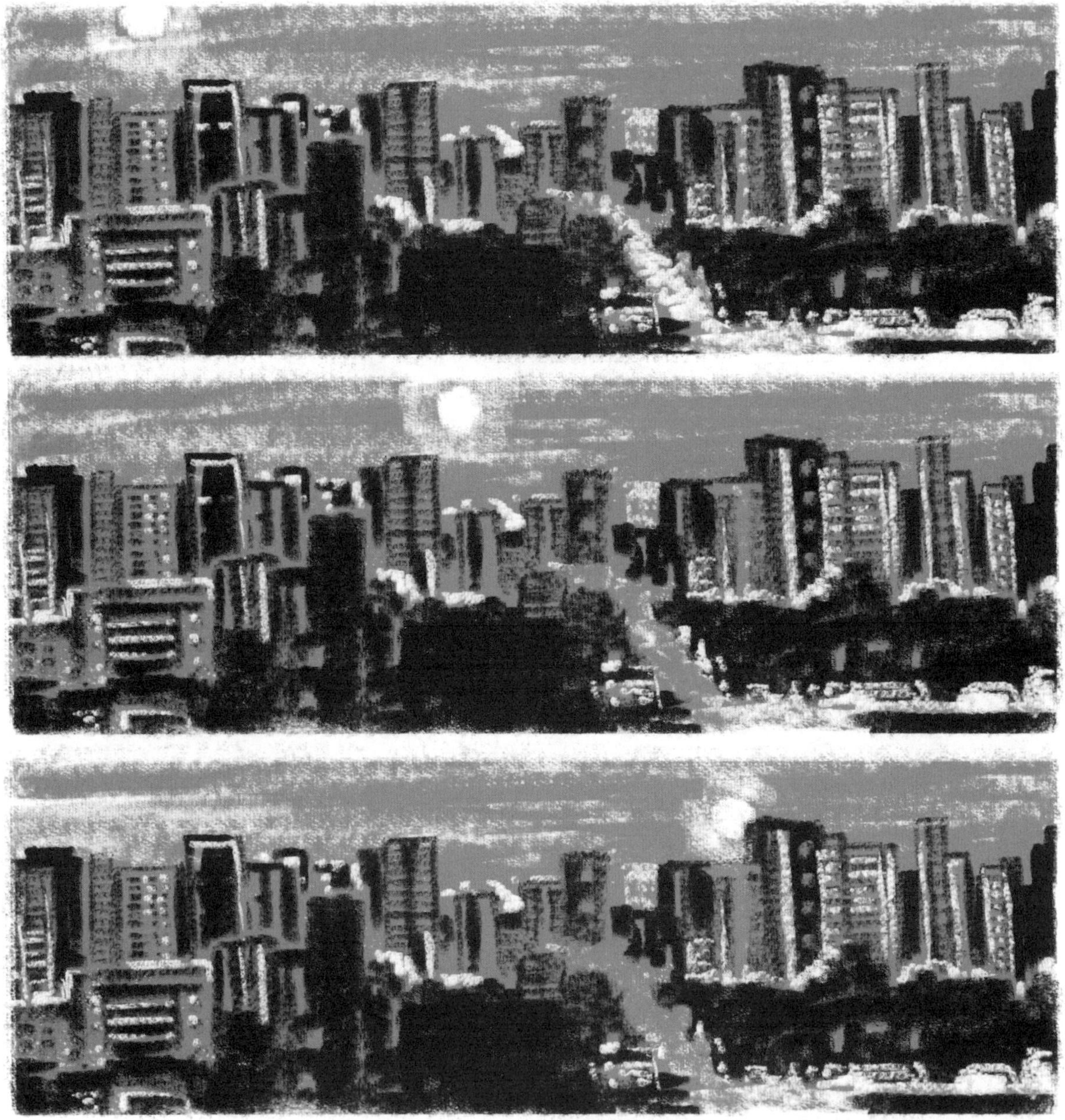

Como no Brasil os votos são eletrônicos, o resultado das eleições sairia no mesmo dia.

A vitória de Dilma só foi anunciada às 20h30 do dia 26 de outubro. No jornal em que eu trabalhava, recebemos a notícia em silêncio.

Ansioso, acompanhei voto a voto a apuração, e no final ficou a sensação de que a coisa não acabaria ali.

O Brasil estava dividido. Não como queriam alguns ao afirmarem que se dividia em eleitores do Norte e do Sul. Apesar de ter perdido no Sul, Dilma obteve o apoio expressivo de 40% dos eleitores sulistas e saiu vencedora em Minas Gerais e Rio de Janeiro, dois dos quatro estados do Sudeste.

Era uma nova divisão.

Ou a mesma.

Do universo de 142 milhões de eleitores, em números aproximados, Dilma recebeu 54 milhões de votos, e Aécio, 51 milhões. Pouco mais de três milhões de votos separaram a candidata eleita do derrotado.

Uma divisão que nunca deixou de existir.

Horas depois de anunciada a vitória de Dilma, Aécio fez um pronunciamento reconhecendo a derrota.

CONSIDERO QUE A MAIOR DE TODAS AS PRIORIDADES DEVE SER UNIR O BRASIL.

Mesmo perdendo, Aécio saiu fortalecido das eleições. A conversa de unir o Brasil não durou quase nada.

Dois dias após o fim do segundo turno, o deputado Carlos Sampaio, coordenador jurídico do PSDB...

...protocolou um pedido de auditoria da votação, em nome do partido e com o aval de Aécio.

Entre as justificativas, citavam-se "boatos espalhados nas redes sociais".

NÓS SOMOS HOJE UM GRANDE EXÉRCITO A FAVOR DO BRASIL.

Temendo mais pressão, Dilma antecipa o anúncio do futuro ministro da Fazenda: Joaquim Levy, economista ortodoxo conhecido pela sua proximidade com o PSDB.

A elite econômica recebeu com entusiasmo o nome de Levy, principalmente a burguesia financeira.

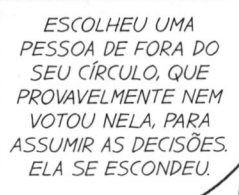

ESCOLHEU UMA PESSOA DE FORA DO SEU CÍRCULO, QUE PROVAVELMENTE NEM VOTOU NELA, PARA ASSUMIR AS DECISÕES. ELA SE ESCONDEU.

Atacava Aécio.

E PRONTOS PARA FAZER A OPOSIÇÃO QUE A OPINIÃO PÚBLICA DETERMINOU QUE SE FIZESSE.

O PT intensificava os passos na direção contrária à da militância. Não bastava o avanço da direita nas manifestações de 2013. Não era suficiente a radicalização do tucano Aécio Neves. A guinada à direita parecia contagiar a todos. Ao convidar Levy para a Fazenda, o PT se somava à nova onda que tomava o Brasil.

No início de 2015, o PSDB, principal partido da oposição, ainda não tinha assumido oficialmente a luta pelo impeachment.

A ONDA

Mas o senador Aécio Neves já pensava no assunto.

Contra o PT e o "bolivarianismo", manifestações coloridas de verde e amarelo ocorriam em todo o Brasil, geralmente nos domingos à tarde.

No dia 15 de março, o primeiro ato levou aproximadamente um milhão de pessoas a uma das principais avenidas de São Paulo.

Os manifestantes tinham em média quarenta anos, 63% eram homens e 76% tinham ensino superior. A renda mensal de 27% dos manifestantes era de cinco a dez salários mínimos; outros 22% ganhavam de dez a vinte salários mínimos e 19%, mais de vinte salários mínimos.

DIGA NÃO A DOUTRINA MARXISTA NAS ESCOLAS

69% eram brancos, 5% eram negros.

82% das pessoas que estiveram na Avenida Paulista naquela tarde de domingo votaram em Aécio Neves.

Aécio chegou a dizer que compareceria, caso tivesse um rompante.

O rompante não veio. E o temor de que o PT o acusasse de provocar um "terceiro turno" obrigou Aécio a acompanhar o protesto no Rio de Janeiro, da janela do seu apartamento em Ipanema.

"A rua é do povo como o céu é do avião", escreveu em uma rede social.

Os protestos em 2015 pareciam, à primeira vista, uma reedição da Marcha da Família com Deus pela Liberdade, ocorrida às vésperas do golpe de 1964.

Mas havia algo novo ali.

Os movimentos da nova direita tentavam se posicionar como herdeiros de junho de 2013. O MBL, Movimento Brasil Livre, lembrava MPL, Movimento Passe Livre.

Vem Pra Rua, apesar de uma expressão comum em protestos, foi slogan de uma campanha publicitária de 2013 e uma frase que ecoou nas ruas durante as Jornadas de Junho.

Havia ainda o Revoltados On Line, que, como o próprio nome sugere, nasceu nas redes sociais da internet, mesmo ambiente utilizado para convocar os protestos de junho de 2013.

As motivações para os protestos dividiam os líderes da nova direita.

Os mais radicais, como o Revoltados On Line, não pregavam o impeachment, mas sim a intervenção militar.

O Vem Pra Rua, mais moderado e próximo ao PSDB, rechaçou a tese do impeachment por falta de base jurídica.

Só o MBL fazia do impedimento de Dilma sua principal bandeira.

A prioridade era se livrar da "corrupção do PT", que, segundo eles, "feriam a liberdade", diferentemente da corrupção do PMDB, que, como diziam, "não tem um viés perigoso".

A operação Lava Jato, que a essa altura já era um fenômeno nacional, citava pela primeira vez o presidenciável tucano.

...EM FURNAS, O ZÉ JANENE TINHA ALGUMAS PROCURAÇÕES QUE ELE DIVIDIA COM O ENTÃO, NA ÉPOCA, DEPUTADO AÉCIO NEVES.

O nome de Aécio Neves surgiu no depoimento do doleiro Alberto Youssef, um dos primeiros presos pela PF na operação Lava Jato.
O tucano foi apontado como parte do esquema de propina da empresa energética Furnas.

A ANTI-PRESIDENTA

Foi também no início de 2015 que a advogada e professora da Universidade de São Paulo Janaína Paschoal recebeu o convite do seu ex-professor Miguel Reale Júnior para ajudá-lo com um pedido do PSDB...

...um parecer jurídico para cassar o mandato da presidenta Dilma. Os tucanos pareciam determinados a reverter o resultado das urnas.

OLHA, PROFESSOR, EU NÃO VOU TRABALHAR DE GRAÇA.

EU TENHO MINHAS IRMÃS QUE SÃO MINHAS SÓCIAS NO ESCRITÓRIO...

Fecharam em 45 mil reais, valor que foi pago pelo PSDB.

Miguel Reale Júnior foi ministro da Justiça no governo Fernando Henrique Cardoso. É filho de Miguel Reale, um dos ideólogos da Ação Integralista Brasileira, grupo de extrema direita dos anos 1930, e um dos responsáveis pela Emenda Constitucional que consolidou a ditadura militar no Brasil.

Miguel Reale Júnior e Janaína Paschoal marcaram uma reunião com lideranças tucanas em Brasília, na casa de Aécio Neves...

...no dia 22 de abril de 2015. Entre os presentes, estavam o senador José Serra e o deputado Bruno Araújo.

Bruno Araújo foi direto ao ponto:

HÁ LASTRO LEGAL CONTRA A DILMA?

O PROFESSOR ACHA MELHOR IR PELO CAMINHO DA REPRESENTAÇÃO, MAS HÁ ELEMENTOS PARA O IMPEACHMENT.

"A CONSTITUIÇÃO NÃO PREVÊ IMPEACHMENT PARA CRIMES COMETIDOS EM MANDATOS ANTERIORES."

Advertiu José Serra.

"O SENHOR ESTÁ ERRADO."

Os tucanos optaram pela proposta de Reale Júnior: não ir pelo caminho do impeachment.

Janaína, contrariada com a reunião, seguia acreditando que só um impeachment faria justiça aos anseios nacionais.

No dia 24 de abril de 2015, o MBL empreendeu uma marcha de São Paulo a Brasília. Na bagagem, outro pedido de impeachment.

Mas um novo personagem começava a surgir, e faria frente a Dilma Rousseff.

Em um café da manhã na FIESP...

O PT NÃO TEM AMIGOS, TEM SERVOS. NÃO TEM ADVERSÁRIOS, TEM INIMIGOS.

A FALTA DE GOVERNANÇA DO PODER EXECUTIVO PERMITIU QUE A CORRUPÇÃO AVANCE.

...o recém-eleito presidente da Câmara, Eduardo Cunha, começava a dar as cartas no Congresso. As divergências tucanas acabaram afastando Aécio dos movimentos políticos que queriam o fim do governo petista. Era hora de um novo jogador entrar em campo.

O MALVADO FAVORITO

COM LICENÇA!
POSSO SENTAR? ALI.
VALEU!
Fernanda: Deu certo?
Sim!! :)
Agora era a hora de falar com a Vir.
VIR, VOCÊ TÁ ONDE?
TÔ AQUI, VILA! PERTO DO PALCO.
EU TAMBÉM TÔ AQUI.
VOCÊ ENTROU COM A FER?
NÃO! ENTREI COM UM CRACHÁ DE IMPRENSA.
ONDE VOCÊ TÁ? LEVANTA...
TE VI! TEM UMA CADEIRA AÍ PERTO?
TEM!
COM LICENÇA!
A DILMA JÁ ESTÁ AQUI NO CIRCO DA DEMOCRACIA!
COM LICENÇA!

— OI, VIR!

— MAS O QUE ACONTECEU?

— ACABOU NÃO DANDO CERTO DA FER ENTRAR.

— A GENTE ACHOU QUE IA TER MAIS CREDENCIAIS, MAS SÓ CONSEGUIMOS DUAS.

— E EU ENTREI COM MEU MARIDO.

— A ASSESSORIA DELA TÁ EM CIMA.

— ELA TÁ ALI ATRÁS.

Eu nunca tinha ouvido o nome de Eduardo Cunha até 2015. Parece que depois disso só se falava nele.

Naquele ano, o peemedebista saía do reduto carioca e ganhava grande expressão nacional.

Segundo alguns parlamentares...

...no final de 2014, Cunha vinha se reunindo com correligionários para almoços e jantares e para planejar o ano político que se anunciava.

O grupo já era conhecido como "centrão".

E, no dia 1º de fevereiro de 2015, o centrão cumpriu seu primeiro objetivo: elegeu em primeiro turno, com 267 votos, Eduardo Cunha como presidente da Câmara dos Deputados.

Cunha havia se lançado ao cargo à revelia do governo, rompendo um acordo, vigente desde o mandato Lula, de que os maiores partidos do Congresso — PT e PMDB — se alternariam no comando das duas casas legislativas.

Cunha se candidatou à presidência da Câmara quando a vez de ocupar o cargo era do PT, pois o Senado já era comandado pelo PMDB.

Com o poder de definir a pauta das votações, Cunha proclamou independência da Câmara sob seu comando, apoiado principalmente pelos deputados do "baixo clero", os quais, a exemplo do peemedebista, nutriam forte aversão à presidenta Dilma.

Negociava cargos em comissões de lideranças e emendas parlamentares em troca do apoio dos deputados.

Até os tucanos voltaram a se sentir importantes, agora sob a tutela do "malvado favorito", como se referiam ao presidente da Câmara.

UM NOVO CARTAZ

A liderança política assumida por Eduardo Cunha começava a mudar a cara das manifestações em defesa do impeachment, que já estavam minguando em meados de 2015.

As acusações genéricas de corrupção na Petrobras, ancoradas nas denúncias da Lava Jato, deram espaço para um fato concreto que envolveria Dilma diretamente — e que, apesar de ser uma prática comum dos seus antecessores, expunha um suposto descaso com a Lei de Responsabilidade Fiscal. O fato ficaria conhecido como "pedaladas fiscais".

No dia 16 agosto de 2015, novas manifestações foram convocadas em todo o Brasil. Janaína foi convidada pelo movimento Vem Pra Rua para subir no caminhão de som.

PAREM COM ESSE DISCURSO EM CIMA DO MURO... NÓS NÃO AGUENTAMOS MAIS! NÓS QUEREMOS IMPEACHMENT!

DIREITA VOLVER

"Somos todos Cunha", diziam os cartazes nos protestos contra Dilma Rousseff.

A caravana do MBL chegou a Brasília no dia 27 de abril de 2015.

"Marcha pela liberdade".

"Marcha" é só modo de falar, pois boa parte do percurso foi feito de ônibus mesmo.

O tenente-coronel Frederico Santiago coordenou a operação de segurança que recebeu a "marcha".

Deslocou 150 homens da PM para garantir a proteção do Congresso Nacional. E outros dois mil militares foram mobilizados para ficar de prontidão.

O tenente-coronel foi avisado pelo MBL de que pelo menos quarenta mil manifestantes estariam presentes.

Não foi exatamente o que aconteceu.

No final, apenas umas trezentas pessoas apareceram.

Entre os deputados que receberam os manifestantes estava o tucano Carlos Sampaio, que havia protocolado o pedido de auditoria das eleições de 2014.

Acompanhado dos parlamentares, os líderes do MBL foram ao encontro de Eduardo Cunha.

Apesar da reunião esvaziada, o pedido foi entregue ao presidente da Câmara.

Os apoiadores do impeachment posaram para uma foto que ficaria famosa, ao lado de Eduardo Cunha. Na imagem, era possível perceber a presença de Jair Messias Bolsonaro.

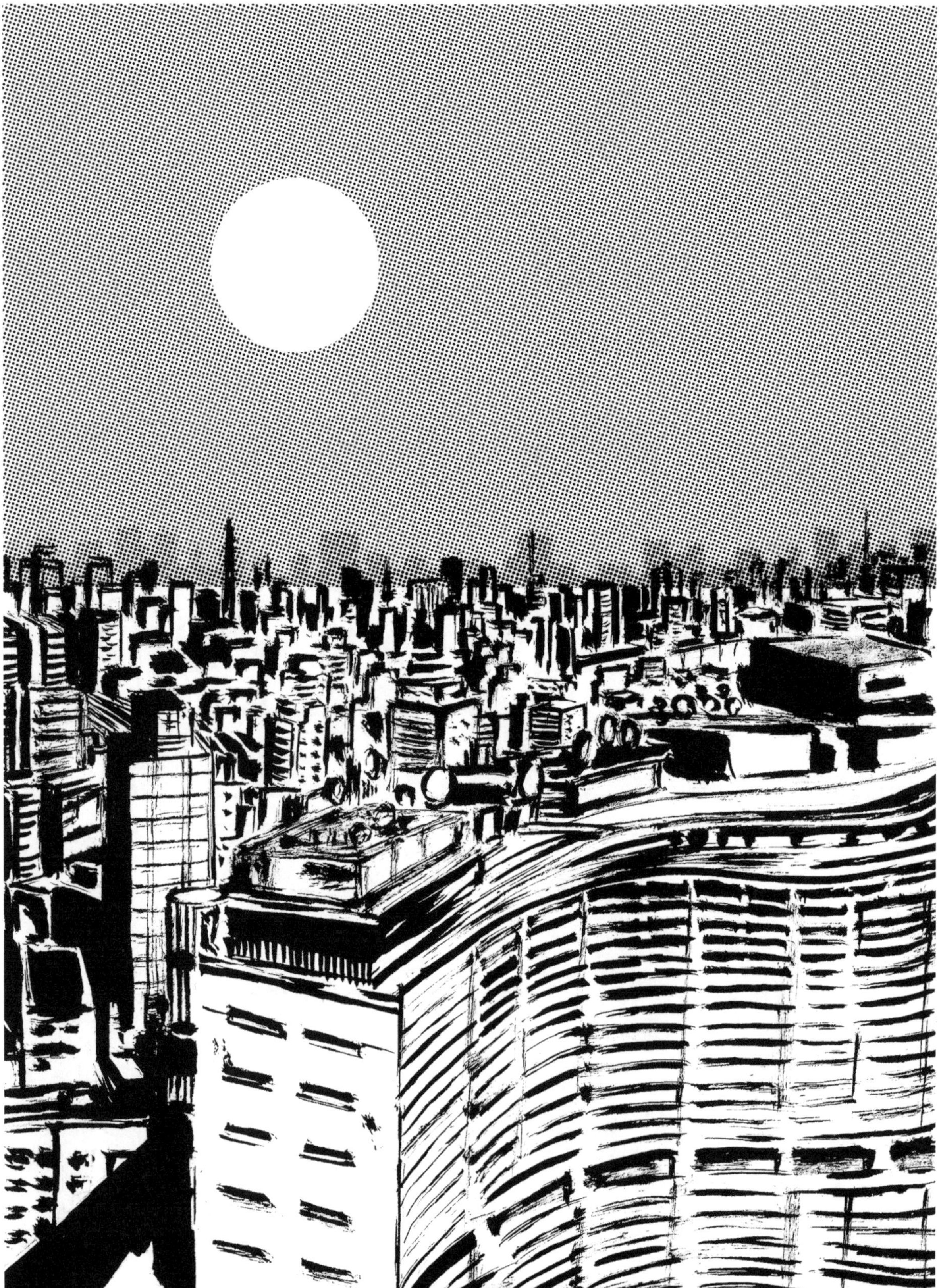

Em São Paulo...

...Janaína batia à porta dos maiores advogados da cidade em busca de apoio.

Ninguém estava disposto a embarcar na aventura.

Janaína procurou o advogado Modesto Carvalhosa, que aceitou ouvi-la.

Carvalhosa é especialista em direito empresarial, além de professor aposentado de direito comercial da Universidade de São Paulo.

— O SENHOR INDICARIA ALGUÉM QUE, TALVEZ, ACEITE ASSINAR ESSE PEDIDO COMIGO?

— VEJA COM O BICUDO, QUE É O HOMEM QUE FUNDOU O PT. VOU TE PASSAR O ENDEREÇO DELE.

Hélio Bicudo ganhou fama nacional ao combater o Esquadrão da Morte, organização paramilitar responsável pela execução de comunistas durante a ditadura.

— POR QUE VOCÊ QUER FAZER ISSO, MINHA FILHA?

— DOUTOR, O BRASIL ESTÁ INDO PARA O BURACO. ATÉ FALEI COM A OPOSIÇÃO, MAS ACHO QUE O PSDB NÃO VAI FAZER NADA.

— DEMOROU PARA ALGUÉM ME PROCURAR!

OS DOIS PT

O INFORMANTE VERMELHO

Os movimentos sociais de esquerda, historicamente, "monopolizaram" os protestos no Brasil. No entanto, em 2015, a esquerda parecia impotente frente à onda verde e amarela.

Para tentar entender isso, conversei com um militante do PT, que aceitou falar comigo desde que eu o mantivesse no anonimato.

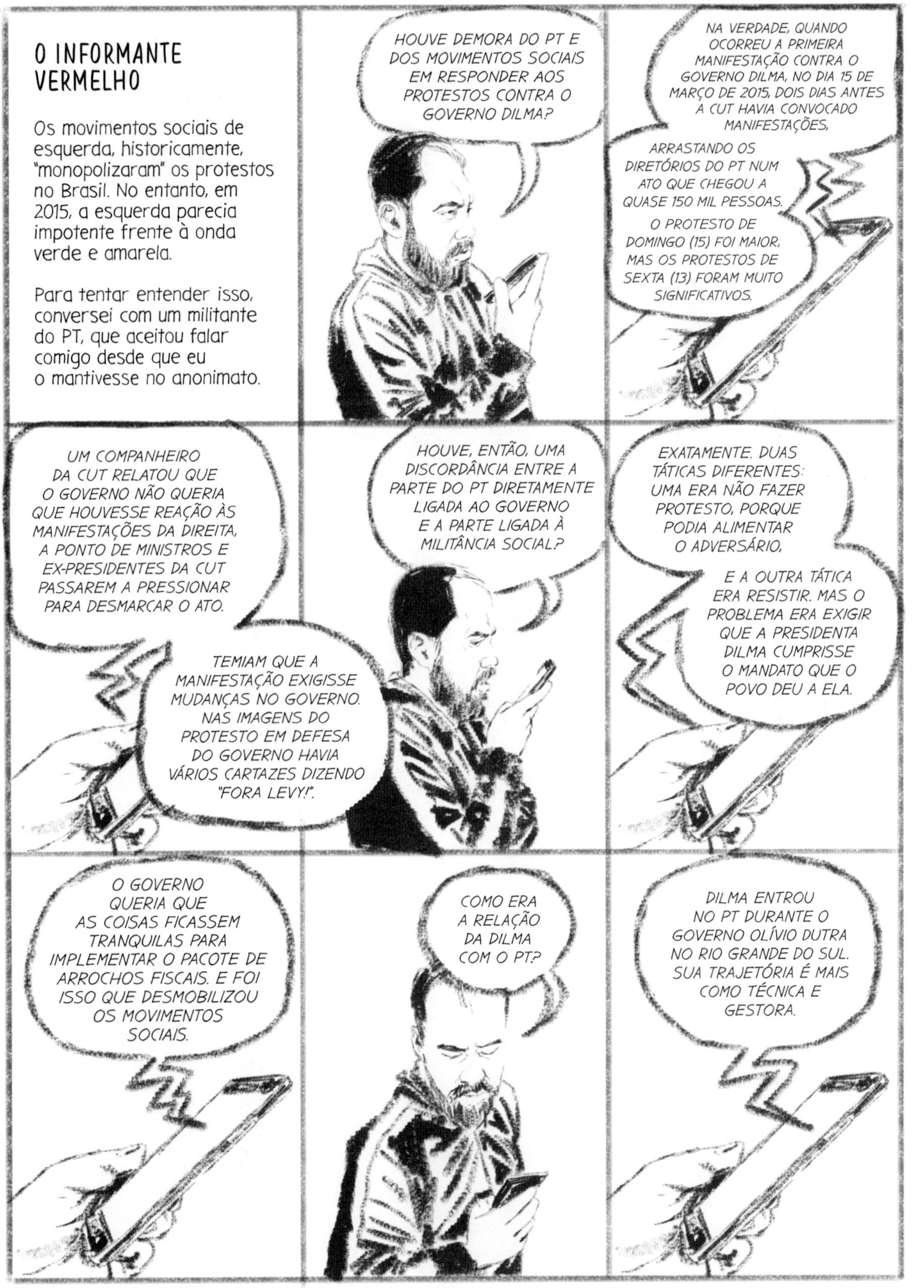

HOUVE DEMORA DO PT E DOS MOVIMENTOS SOCIAIS EM RESPONDER AOS PROTESTOS CONTRA O GOVERNO DILMA?

NA VERDADE, QUANDO OCORREU A PRIMEIRA MANIFESTAÇÃO CONTRA O GOVERNO DILMA, NO DIA 15 DE MARÇO DE 2015, DOIS DIAS ANTES A CUT HAVIA CONVOCADO MANIFESTAÇÕES,

ARRASTANDO OS DIRETÓRIOS DO PT NUM ATO QUE CHEGOU A QUASE 150 MIL PESSOAS. O PROTESTO DE DOMINGO (15) FOI MAIOR, MAS OS PROTESTOS DE SEXTA (13) FORAM MUITO SIGNIFICATIVOS.

UM COMPANHEIRO DA CUT RELATOU QUE O GOVERNO NÃO QUERIA QUE HOUVESSE REAÇÃO ÀS MANIFESTAÇÕES DA DIREITA, A PONTO DE MINISTROS E EX-PRESIDENTES DA CUT PASSAREM A PRESSIONAR PARA DESMARCAR O ATO.

TEMIAM QUE A MANIFESTAÇÃO EXIGISSE MUDANÇAS NO GOVERNO. NAS IMAGENS DO PROTESTO EM DEFESA DO GOVERNO HAVIA VÁRIOS CARTAZES DIZENDO "FORA LEVY!".

HOUVE, ENTÃO, UMA DISCORDÂNCIA ENTRE A PARTE DO PT DIRETAMENTE LIGADA AO GOVERNO E A PARTE LIGADA À MILITÂNCIA SOCIAL?

EXATAMENTE. DUAS TÁTICAS DIFERENTES: UMA ERA NÃO FAZER PROTESTO, PORQUE PODIA ALIMENTAR O ADVERSÁRIO,

E A OUTRA TÁTICA ERA RESISTIR. MAS O PROBLEMA ERA EXIGIR QUE A PRESIDENTA DILMA CUMPRISSE O MANDATO QUE O POVO DEU A ELA.

O GOVERNO QUERIA QUE AS COISAS FICASSEM TRANQUILAS PARA IMPLEMENTAR O PACOTE DE ARROCHOS FISCAIS. E FOI ISSO QUE DESMOBILIZOU OS MOVIMENTOS SOCIAIS.

COMO ERA A RELAÇÃO DA DILMA COM O PT?

DILMA ENTROU NO PT DURANTE O GOVERNO OLÍVIO DUTRA NO RIO GRANDE DO SUL. SUA TRAJETÓRIA É MAIS COMO TÉCNICA E GESTORA.

82

RESOLUÇÕES INTERNAS

São Paulo, 5 de setembro de 2014.

O Diretório Nacional do PT convoca seus filiados e simpatizantes para reeleger a presidenta Dilma.

"...faremos um segundo mandato de Dilma ainda melhor que o atual, sintonizado com o sentimento popular expresso em várias oportunidades, mas especialmente nas chamadas jornadas de junho de 2013."

A resolução também menciona os vídeos da campanha eleitoral de Dilma.

"...temas, tratados tanto no horário eleitoral quanto na mobilização militante, devem esclarecer o antagonismo entre os dois projetos de País..."

Brasília, 3 de novembro de 2014.

Menciona também o clima de revanchismo.

"...a oposição cai no ridículo ao questionar o resultado eleitoral no TSE. Ainda ressentida, insiste na divisão do País e investe contra a normalidade institucional."

Belo Horizonte, 6 de fevereiro de 2015.

A resolução expõe que o partido já sentia o peso da decisão de Dilma na escolha do ministro da Fazenda.

"...propor ao governo que dê continuidade ao debate com o movimento sindical e popular, no sentido de impedir que medidas necessárias de ajuste incidam sobre direitos conquistados..."

O fantasma do impeachment começava a assombrar. Na resolução de outubro de 2015, o partido apresenta sua análise do cenário político.

"A situação congressual agravou-se também pela preponderância, dentro da bancada do PMDB na Câmara dos Deputados, de sua ala mais reacionária, capitaneada pelo deputado Eduardo Cunha..."

...Depois de conquistada a presidência da Casa, o parlamentar rapidamente pactuou com o bloco PSDB-DEM-PPS e assumiu a liderança de uma agenda para contrarreformas, além de flertar com o impeachment..."

Rio de Janeiro, 26 de fevereiro de 2016

Joaquim Levy deixa o Ministério da Fazenda e pela primeira vez surgem críticas ao agora ex-ministro.

"...A política de ajuste fiscal, conduzida pelo ex-ministro Joaquim Levy, tampouco teve os resultados esperados..."

"...ao menos no que diz respeito aos interesses das camadas populares."

"...O governo conseguiu preservar avanços fundamentais – como o Bolsa Família e a política de recuperação do salário mínimo –, mas..."

"...a fórmula da austeridade, fracassada..."

"...mesmo em países que a praticaram com juros próximos a zero, não se comprovou como boa solução para seguirmos adiante..."

"...em nosso projeto de emancipação."

O QUE ACONTECEU?

Seguindo a orientação do militante do PT, procurei contato com uma pessoa ligada à CUT. O diretor aceitou dar entrevista em off e me contou a seguinte história:

"EM 5 DE MARÇO DE 2015, NA PRIMEIRA REUNIÃO DA DIREÇÃO NACIONAL DA CUT, EM BRASÍLIA, RECEBEMOS O MINISTRO MIGUEL ROSSETO, ENVIADO POR DILMA PARA COLHER AS 'IMPRESSÕES' DA CUT SOBRE O GOVERNO QUE RECÉM SE INICIAVA...."

"...ROSSETTO OUVIU UMA AVALANCHE DE CRÍTICAS DE PRATICAMENTE TODOS OS DIRIGENTES..."

"...EM PARTICULAR DE JOÃO FELÍCIO, ENTÃO SECRETÁRIO DE RELAÇÕES INTERNACIONAIS, E DE MIM MESMO."

"A LINHA FOI A DE ALERTAR O GOVERNO DE QUE, COM A EDIÇÃO DAS MPS 664 E 665..."

"...QUE DIFICULTAVAM O ACESSO DOS TRABALHADORES DE BAIXA RENDA AO SEGURO-DESEMPREGO E AO AUXÍLIO-DOENÇA, O GOVERNO ESTAVA FAZENDO O CONTRÁRIO DO QUE HAVIA DITO NAS ELEIÇÕES, ISTO É, ESTAVA ATACANDO DIREITOS TRABALHISTAS... QUE ESTAVA SENDO APROVEITADO PELA DIREITA."

"O GOVERNO DILMA PARECIA ALGUÉM COM OS OLHOS VENDADOS INDO DE COSTAS PARA O ABISMO."

"AS CRÍTICAS FORAM TÃO CONTUNDENTES QUE, NO MOMENTO DE RESPONDÊ-LAS, O MINISTRO ROSSETO LIMITOU-SE A DIZER..."

ENTENDI O PONTO DE VISTA DE VOCÊS E VOU TRANSMITI-LO À PRESIDENTA.

"NA REUNIÃO DA EXECUTIVA NACIONAL..."

ESTAMOS AQUI JUNTO COM OS MOVIMENTOS POPULARES E NÃO VAMOS DEIXAR AS RUAS PARA A DIREITA.

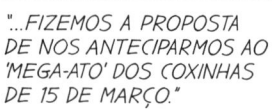

"...FIZEMOS A PROPOSTA DE NOS ANTECIPARMOS AO 'MEGA-ATO' DOS COXINHAS DE 15 DE MARÇO."

TRIMM TRIMM TRIMM

"AS PRESSÕES QUE RECEBEMOS FORAM 'EXTERNAS', VINDAS DO GOVERNO FEDERAL, DA DIREÇÃO DO PT E ATÉ DO PREFEITO DE SÃO BERNARDO..."

"LIGAVAM PARA A SEDE DA CUT PARA DIZER QUE..."

TRIMM

"...NÃO DEVERÍAMOS 'PROVOCAR A DIREITA'."

"ESSAS PRESSÕES CESSARAM APÓS UMA CONVERSA DO PRESIDENTE DA CUT, VAGNER FREITAS, COM LULA, O QUAL TERIA DITO QUE A CUT ERA AUTÔNOMA E TINHA QUE APLICAR SUAS DECISÕES."

"DESDE O PRIMEIRO MANDATO DE DILMA ERA NOTÓRIO O DESCONFORTO DE MUITOS DIRIGENTES COM A FALTA DE DIÁLOGO DO GOVERNO COM AS CENTRAIS SINDICAIS..."

"...O QUE CONTRASTAVA COM O QUE OCORRIA COM LULA, FORMAL E INFORMALMENTE."

"ANTEVÍAMOS O PIOR DESDE O DIA 5 DE MARÇO DE 2015, MAS PENSÁVAMOS QUE AINDA ERA TEMPO DE MUDAR DE POLÍTICA E REATAR COM A BASE SOCIAL."

"EM DEZEMBRO DE 2015, QUANDO COLOCAMOS MAIS GENTE NAS RUAS QUE A DIREITA E DILMA DEMITIU O LEVY, DISSEMOS 'AGORA VAI!'."

"MAS NO LUGAR DO LEVY ENTROU O NELSON BARBOSA PROPONDO REFORMA DA PREVIDÊNCIA..."

"...O QUE, ALÉM DE UM DESALENTO, SINALIZOU QUE SERIA DIFÍCIL PARA A CUT DEFENDÊ-LA."

"AINDA ASSIM, A CUT FOI O PILAR DA LUTA CONTRA O GOLPE – DADO O SEU TAMANHO E CAPILARIDADE."

"ENTRETANTO, AS FÁBRICAS ESTAVAM FRIAS..."

"...O MORRO E A PERIFERIA NÃO VIERAM PARA AS RUAS..."

"...AS MANOBRAS ENVOLVENDO O JUDICIÁRIO..."

"...A MAIORIA REACIONÁRIA DO CONGRESSO..."

"...O MASSACRE COTIDIANO DA GRANDE MÍDIA..."

"..."

LAVA JATO

Em 2014 teve início a operação que ocuparia o centro da crise política do Brasil: a Lava Jato, que se definiria como a maior investigação sobre corrupção conduzida na nossa história.

O juiz responsável pela operação, Sergio Moro, notabilizou-se como o novo ídolo da burguesia tupiniquim.

Até julho de 2017, a Lava Jato tinha feito 279 réus, condenado 116 pessoas e prendido 27. De repente, virou uma espécie de "franquia de sucesso".

Camisetas da Lava Jato, filme, série, adesivos pra carro... até filme pornô inspirado na operação já existe: *Operação Leva Jato*.

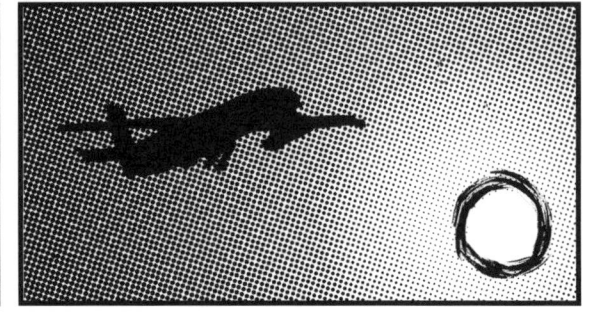

O IMPONDERÁVEL - PARTE 1

A Polícia Federal vinha monitorando o doleiro Alberto Youssef e acabou chegando ao dono de um posto de gasolina em Brasília.

Era uma segunda-feira quando Youssef voou para São Luís do Maranhão.

A ÚLTIMA VEZ QUE CAPTAMOS O SINAL DO CELULAR ELE ESTAVA PERTO DO AEROPORTO DE CONGONHAS.	ELE USOU O CELULAR DE NOVO. ESTÁ EM SÃO LUÍS, NO MARANHÃO.

Naquela mesma segunda-feira, Youssef se hospedou no Hotel Luzeiros.

Mais tarde, o telefone toca.

TRILILILI

| ALÔ! |
| TU TU TU TU TU |

RECEPÇÃO.

POR FAVOR, LIGUE PARA O NÚMERO QUE ME LIGOU.

ALÔ, POLÍCIA FEDERAL.

Desconfiando que podia ser preso...
TOC TOC TOC TOC
13
...Youssef levou a mala milionária até o quarto do comparsa.
QUERO QUE VOCÊ ENTREGUE ISSO SE ACONTECER ALGUMA COISA COMIGO.
ISSO VAI DAR PROBLEMA?
ACHO QUE VOU SER PRESO PELA POLÍCIA FEDERAL AMANHÃ.
Era a primeira fase da Lava Jato.

O IMPONDERÁVEL – PARTE 2

Três dias depois, em 20 de março de 2014, a Polícia Federal cumpriu seis mandados de busca e um de prisão temporária, a de Paulo Roberto Costa, ex-diretor da Petrobras.

Foi um presente de Youssef dado a Paulo Roberto Costa...

...que levou a polícia à estatal petrolífera.

GOSTEI DAQUELE CARRO. UM DIA QUERO TER UM DESSES.

UM DIA NÃO. VAMOS COMPRAR AGORA.

Costa não era alvo da investigação da Polícia Federal.

A polícia suspeitava que ele era só um laranja do doleiro.

Mas havia algo maior.

A polícia iniciou uma investigação e chegou à Costa Global....

ALÔ, FILHA, EU PRECISO QUE VÁ ATÉ O MEU ESCRITÓRIO.

...empresa que abriu depois de deixar a Petrobras. Costa foi então convocado a dar esclarecimentos à polícia.

FILHA, EU PRECISO QUE VOCÊ TIRE ALGUNS DOCUMENTOS DAÍ.

Pouco depois da filha deixar o escritório com os documentos, os policiais chegaram...

...e perguntaram ao porteiro se havia ocorrido algo de estranho naquele mesmo dia.

BOM! TEVE ISSO AQUI...

Sem saber que a polícia tinha estado em seu escritório, Costa compareceu na delegacia para o depoimento.

QUAL A SUA ATIVIDADE LABORAL?

EU TENHO UMA EMPRESA DE CONSULTORIA NAS ÁREAS DE PETRÓLEO, GÁS, INFRAESTRUTURA...

O SENHOR CONHECE ALBERTO YOUSSEF?

SIM.

MAS NÃO TENHO NEGÓCIOS COM ELE.

E O CARRO?

O PAGAMENTO SE DEVE A SERVIÇOS QUE PRESTEI.

O SENHOR CONFIRMA QUE A PETROBRAS LICENCIOU UMA OBRA DA REFINARIA ABREU E LIMA...

...COM O VALOR DE 8,9 BILHÕES DE REAIS?

Na casa de Paulo Roberto Costa a polícia encontrou anotações e uma planilha feita à mão que trazia os nomes das maiores empreiteiras do Brasil: Mendes Júnior, Iesa, Engevix, UTC/Constran, Camargo Corrêa e Andrade Gutierrez.

Com a estatal petrolífica a operação ganhava outra dimensão.

CRISE TIPO EXPORTAÇÃO

Em dezembro de 2014, a Lava Jato chegou à área internacional da Petrobras.

Para ser mais exato, chegou ao ex-diretor da área internacional: Nestor Cerveró.

Cerveró foi denunciado por crimes de corrupção, lavagem de dinheiro e formação de quadrilha.

EU NÃO ESTOU FUGINDO. ESTOU ENTRANDO NO PAÍS.

VOCÊ DISCUTE A PRISÃO NA POLÍCIA, DEPOIS.

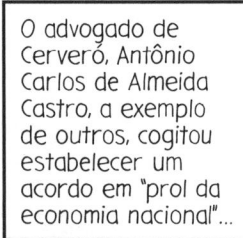

O advogado de Cerveró, Antônio Carlos de Almeida Castro, a exemplo de outros, cogitou estabelecer um acordo em "prol da economia nacional"...

...alegando que muitas das empresas envolvidas eram multinacionais, o que poderia desestabilizar o país.

SERIA INTERESSANTE QUE ADVOGADOS, MINISTÉRIO PÚBLICO E JUDICIÁRIO SE SENTASSEM JUNTOS PARA PENSAR NÃO NUMA FORMA DE ABAFAR O CASO, MAS DE IMPEDIR QUE AS EMPRESAS QUEBREM.

A proposta foi vista como um acordão para salvar empreiteiros e políticos na mira da justiça.

O ex-diretor da Petrobras foi o primeiro a fechar um acordo de delação premiada.

Paulo Roberto Costa começaria a expor o esquema que chamou de "Triângulo Políticos-Governo-Empreiteiras".

É UMA GRANDE FALÁCIA DIZER QUE EXISTE DOAÇÃO DE CAMPANHA NO BRASIL.

NA VERDADE, SÃO VERDADEIROS EMPRÉSTIMOS A SEREM COBRADOS A JUROS ALTOS.

Segundo a investigação da Lava Jato, Paulo Roberto Costa chegou à direção da Petrobras indicado pelo Partido Progressista (PP).

Costa disse que era procurado pelo PP, pelo PMDB e, esporadicamente, pelo PT.

E que o então presidente nacional do PSDB, senador Sérgio Guerra – morto em março de 2014 –, também o havia procurado, pedindo R$ 10 milhões para encerrar a CPI da Petrobras, aberta em julho de 2009.

Depois foi a vez de Youssef propor acordo de delação.

Em outra delação, Augusto Mendonça, da Toyo Setal, contou como funcionava um "clube" envolvendo dezesseis empreiteiras.

O "clube dos 16" tinha regras e tudo. Marcavam até pontos em uma cartela, como num bingo.

Os prêmios, claro, eram as obras da Petrobras.

Muitas dessas informações foram vazadas à imprensa – em geral, ligando o PT à Lava Jato, o que levantava desconfianças sobre sua seletividade.

No dia 13 de novembro de 2015, o *Estadão* publicou uma reportagem expondo como delegados ligados à Lava Jato...

...usaram suas redes sociais para enaltecer o candidato Aécio Neves e criticar Dilma e Lula durante as eleições de 2014.

Em uma das declarações apuradas pelo *Estadão*, o delegado Márcio Anselmo publicou os dizeres: "Alguém segura essa anta, por favor", se referindo a uma reportagem sobre Lula.

Era a primeira crítica contundente, na grande mídia, a uma possível arbitrariedade da operação.

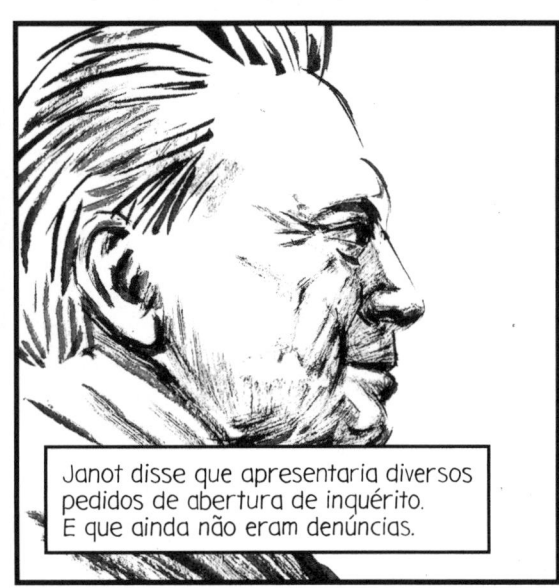

Mas a bomba da Lava Jato que atingiria todos os políticos ainda estava para estourar. Era a chamada "Lista de Janot".

...com nomes de parlamentares que deveriam ser investigados na operação.

Veio a público em março de 2015, terceiro mês do segundo mandato da presidenta Dilma, quando o procurador-geral da República, Rodrigo Janot, entregou uma lista...

Àquela altura, Eduardo Cunha já estava se prevenindo.

Contratou o especialista em STF e ex-procurador da república Antonio Fernando Souza como seu advogado.

Antes que a lista fosse divulgada, o então vice-presidente, Michel Temer, se encontrou com Janot.

Janot disse que apresentaria diversos pedidos de abertura de inquérito. E que ainda não eram denúncias.

EDUARDO CUNHA SERÁ UM DOS INVESTIGADOS.

Após a reunião, Temer decidiu adiar uma viagem que faria a São Paulo e marcou um novo encontro, agora com Cunha.

ELE NÃO CONTOU QUAIS SÃO AS SUSPEITAS. MAS DEIXOU CLARO QUE HAVERÁ ABERTURA DE UM INQUÉRITO.

Quando a lista veio a público, Cunha se desesperou e partiu para o ataque.

EU NÃO ACEITO ISSO. A PROCURADORIA-GERAL DA REPÚBLICA AGIU POLITICAMENTE EM CONJUNTO COM O GOVERNO.

Cunha procurou também a CPI da Petrobras, que havia retomado os trabalhos em fevereiro de 2015...

...e sobre cujo presidente ele mantinha influência direta.

COLOCAR A HONRA DE QUEM QUER QUE SEJA E DIZER QUE UM PEDIDO DE ABERTURA DE INQUÉRITO NÃO CONSTRANGE? CONSTRANGE!

A Comissão Parlamentar de Inquérito da Petrobras, como tantas antes dela, caminhava para acabar em pizza. Mas, no dia 12 de março de 2015, Cunha espontaneamente resolveu prestar depoimento à CPI...

...e voltou a atacar o procurador-geral, Rodrigo Janot, chamando de "piada" os inquéritos abertos contra 47 políticos suspeitos de envolvimento no esquema de corrupção.

NÃO TENHO NENHUM TIPO DE CONTA EM NENHUM LUGAR QUE NÃO SEJA A CONTA QUE ESTÁ DECLARADA NO MEU IMPOSTO DE RENDA.

E NÃO RECEBI NENHUMA VANTAGEM, ILÍCITA OU NÃO, COM RELAÇÃO A QUALQUER NATUREZA VINDA DESSE PROCESSO.

Cunha nem imaginava que, um mês depois, em abril de 2015, o Ministério Público da Suíça iniciaria uma investigação que culminaria na suspeita do seu envolvimento com crimes de lavagem de dinheiro e corrupção, além de um suposto recebimento de propina no âmbito da operação Lava Jato.

Se de um lado o cerco aumentava contra Cunha, de outro os movimentos anti-PT encontraram nele o aliado perfeito para seus interesses.

No início de agosto de 2015, as manchetes não fizeram rodeios ao escancarar as intenções de Eduardo Cunha.

O ESTADO DE S. PAULO
Cunha isola PT em CPIs e manobra pelo impeachment

FOLHA DE S.PAULO
Cunha e oposição discutem impeachment e isolam PT

O GLOBO
Cunha arma novas 'bombas' para o governo

EL PAÍS
Câmara volta do recesso com manobra de Cunha por impeachment

Em setembro de 2015, veio a denúncia contra Cunha. O empresário João Augusto Henriques disse em depoimento à Polícia Federal que abriu uma conta na Suíça para pagar o deputado.

Dias depois, autoridades suíças enviaram documentos aumentando as suspeitas de que Cunha tinha realmente contas secretas no país.

AS DUAS VONTADES

Tudo o que Cunha precisava era só de uma peça jurídica, com algum indício, para levar seu plano adiante.

No dia 1º de setembro de 2015, Janaína Paschoal desembarcou em Brasília carregando o pedido de impeachment assinado por Hélio Bicudo.

Um dia antes, enviou um e-mail a Reale Junior...

...com a denúncia anexa.

"Professor, resolvi pedir impeachment."

Em Brasília, era aguardada por Maria Lúcia, filha de Bicudo.

Após protocolarem o pedido, seguiram para a sala do presidente da Câmara, Eduardo Cunha.

Sem agendamento prévio...

Tomaram um chá de cadeira.

Quando Janaína percebeu a presença do tucano Bruno Araújo...

O SENHOR ME DESCULPE, MAS DE ONDE EU TE CONHEÇO?

AH, SIM! DO ALMOÇO, EM ABRIL, NA CASA DO AÉCIO.
SIM, CLARO!
ESTA É MARIA LÚCIA. ESTAMOS TENTANDO FALAR COM O CUNHA.
QUEREMOS ENTREGAR EM MÃOS UM PEDIDO DE IMPEACHMENT DA PRESIDENTE DILMA.
É UM PEDIDO ASSINADO PELO DOUTOR HÉLIO BICUDO, PAI DE MARIA LÚCIA.
SENHOR DEPUTADO, PRECISAMOS CONVERSAR...
ANALISAREI, COMO OS DEMAIS PEDIDOS.

O CIRCO DO DEPUTADO

8 de agosto de 2016.

19h40

Ok! Eu já estava dentro do circo. E, em alguma medida, seguro.

Nada estava garantido.

E agora, como eu vou falar com ela?

Foi quando o deputado Tadeu Veneri, do PT do Paraná, sentou na minha frente...

LICENÇA, DEPUTADO! POSSO SENTAR NESTA CADEIRA?

SIM.

DEPUTADO, SERÁ QUE O SENHOR PODERIA ME AJUDAR?

Panel 1: ESTOU FAZENDO UMA PAUTA PARA A GAZETA... BEM, PODE SER QUE VIRE UM LIVRO...
PRA GAZETA, É?

Panel 2: ...EU QUERIA FALAR COM A DILMA. JOGO RÁPIDO... SERÁ QUE O SENHOR ME AJUDA A FALAR COM ELA?

Panel 3: VOU SER BEM SINCERO, ACHO QUE NEM EU VOU CONSEGUIR FALAR COM ELA.

Panel 4: BOM, É...
CASO CONSIGA!

Panel 7: NOSSA! QUANTAS PESSOAS LÁ FORA, NA CHUVA, NÉ...
SÓ PARA VER A DILMA

Panel 8: É UMA CENA BONITA, NÉ, AQUELES GUARDA-CHUVAS TODOS JUNTOS.
VOCÊ DIZ ISSO PORQUE ESTÁ AQUI DENTRO.

AÇÃO E REAÇÃO

No dia 30 de setembro de 2015, o Ministério Público da Suíça enviou para o Brasil os autos da investigação de Cunha por suspeita de lavagem de dinheiro e corrupção passiva.

Os procuradores suíços também relataram a existência de contas bancárias supostamente em nome de Cunha e familiares.

No dia 13 de outubro, os partidos PSOL e REDE protocolaram no Conselho de Ética da Câmara uma representação solicitando a cassação do deputado por quebra de decoro parlamentar.

Cunha foi processado por quebra de decoro parlamentar, sob a suspeita de mentir ao dizer que não possuía contas bancárias secretas na Suíça.

No dia 3 de novembro, o Conselho de Ética instaurou o processo de cassação do deputado Eduardo Cunha.

TROUXE SUA ENCOMENDA DA SUÍÇA!

Notas falsas e a reputação de Cunha vinham ao chão.

As sessões do Conselho de Ética, que iria decidir o destino de Cunha, vinham sofrendo uma série de manobras com o objetivo de postergar o julgamento do presidente da Câmara.

No dia 19 de novembro de 2015, em uma sessão do plenário, veio um desabafo.

Mara Gabrilli, deputada do PSDB.

A direita, que até então se colocava ao lado de Cunha, começava a desembarcar.

SENHOR PRESIDENTE, EU GOSTO DO SENHOR...
...GOSTAR DO SENHOR NÃO ME FEZ PERCEBER QUE O SENHOR NOS CHAMA DE IMBECIS, MUITAS VEZES...
...O SENHOR TEM QUE REVOGAR ESSE ATO E VALORIZAR A NOSSA COMISSÃO DE ÉTICA...
...O SENHOR ESTÁ COM MEDO?
CHEGA, SENHOR PRESIDENTE! O SENHOR NÃO CONSEGUE MAIS PRESIDIR.

Quarta-feira, 2 de dezembro de 2015.

Os parlamentares da bancada do PT, que vinham relutando em apoiar a cassação de Cunha, cederam à pressão das bases, sinalizando que também apoiariam a derrubada do deputado.

Horas depois...

COMPLETEI DEZ MESES NA PRESIDÊNCIA DA CÂMARA ONTEM.

EM TODOS OS LUGARES QUE EU ANDAVA, SÓ OUVIA AS PESSOAS COBRANDO POSICIONAMENTO SOBRE O IMPEACHMENT...

MEU POSICIONAMENTO SEMPRE FOI COERENTE E DE NATUREZA TÉCNICA...

...NÃO FAÇO ISSO COM NENHUMA FELICIDADE...

...O JUÍZO DO PRESIDENTE DA CÂMARA É DE AUTORIZAR A ABERTURA...

...EU NÃO QUIS OCUPAR A PRESIDÊNCIA DA CÂMARA PARA SER PROTAGONISTA DA ACEITAÇÃO DE UM PEDIDO DE IMPEACHMENT.

A REPÚBLICA DA COBRA

No dia 29 de março de 2016, o vão livre da Faculdade de Filosofia, Letras e Ciências Humanas da USP sediou o "Contra o Golpe: Ato em Defesa da Democracia".

Quase uma semana depois, veio a resposta. No dia 4 de abril, um grupo de juristas e estudantes se encontrou na Faculdade de Direito do Largo São Francisco, da USP, onde Janaína Paschoal discursou.

Parte da elite política do país estava lá.

A QUE DEUS NÓS QUEREMOS SERVIR? É AO DINHEIRO?

NÓS QUEREMOS SERVIR A UMA COBRA?

A cena protagonizada nesse dia marcou a lembrança que carrego de Janaína Paschoal.

O BRASIL...
...NÃO É...
...UMA REPÚBLICA DA COBRA!
PORQUE SOMOS MUITOS HÉLIOS... ...NÓS SOMOS MUITOS MIGUÉIS...
...SOMOS MUITAS JANAÍNAS!
ACABOU A REPÚBLICA DA COBRA!

ORDEM E

No dia 17 de maio de 2016, o Brasil parou para acompanhar a votação da Câmara que decidiria se o Senado poderia julgar o impeachment da presidenta Dilma.

Washington Reis, do PMDB do Rio de Janeiro, abriu a votação:

SR. PRESIDENTE, QUE A PARTIR DE AMANHÃ, SEGUNDA-FEIRA, DEUS POSSA DERRAMAR MUITAS BENÇÃOS SOBRE O NOSSO BRASIL E SOBRE O POVO BRASILEIRO. SR. PRESIDENTE, VOTO A FAVOR.

Hiran Gonçalves, deputado pelo PP de Roraima e maçom:

SR. PRESIDENTE, MEU QUERIDO BRASIL, PELA MINHA FAMÍLIA; PELOS QUE ME FIZERAM CHEGAR ATÉ AQUI; PELOS MÉDICOS DO BRASIL, PARA QUE SEJAM RESPEITADOS PELO PRÓXIMO GOVERNO; PELOS MAÇONS DO BRASIL E PELO BEM DO POVO BRASILEIRO, EU VOTO SIM, SR. PRESIDENTE.

CONTRA A CONSPIRAÇÃO E A CORRUPÇÃO REPRESENTADAS POR EDUARDO CUNHA E TEMER; CONTRA O GOLPE; EM DEFESA DA DEMOCRACIA E DO RESPEITO AO VOTO DO CIDADÃO BRASILEIRO, EU VOTO COM TODA CONVICÇÃO: NÃO A ESSE GOLPE, NÃO A ESSE IMPEACHMENT!

De tão bizarra, a votação chegou a ser engraçada durante os primeiros minutos.

A palavra família foi dita 140 vezes.

Jair Messias Bolsonaro, militar da reserva e, na época, deputado pelo PP do Rio de Janeiro, fez menção a um célebre torturador do período da ditadura, responsável por seviciar Dilma Rousseff. Ali tudo já tinha perdido a graça.

NESSE DIA DE GLÓRIA PARA O POVO, TEM UM HOMEM QUE ENTRARÁ PARA A HISTÓRIA. PARABÉNS, PRESIDENTE EDUARDO CUNHA. PERDERAM EM 64. PERDERAM AGORA EM 2016. PELA FAMÍLIA E PELA INOCÊNCIA DAS CRIANÇAS EM SALA DE AULA, QUE O PT NUNCA TEVE. CONTRA O COMUNISMO, PELA NOSSA LIBERDADE, CONTRA O FORO DE SÃO PAULO. PELA MEMÓRIA DO CORONEL CARLOS ALBERTO BRILHANTE USTRA, O PAVOR DE DILMA ROUSSEFF. PELO EXÉRCITO DE CAXIAS, PELAS NOSSAS FORÇAS ARMADAS, POR UM BRASIL ACIMA DE TUDO E POR DEUS ACIMA DE TODOS, O MEU VOTO É SIM!

PELO FIM DESSA QUADRILHA QUE ASSALTOU O PAÍS, PELO MEU PAI QUE TANTO SOFREU NA MÃO DO PT, PELO MEU POVO BRASILEIRO, EU VOTO SIM!

Mara Cristina Gabrilli, do PSDB de São Paulo.

EM PRIMEIRO LUGAR, ESTOU CONSTRANGIDO DE PARTICIPAR DESSA FARSA, DESSA ELEIÇÃO INDIRETA, CONDUZIDA POR UM LADRÃO. ESSA FARSA SEXISTA! EM NOME DOS DIREITOS DA POPULAÇÃO LGBT, DO POVO NEGRO E EXTERMINADO NAS PERIFERIAS, DOS TRABALHADORES DA CULTURA, DOS SEM-TETO, DOS SEM-TERRA, EU VOTO NÃO AO GOLPE! E DURMAM COM ESSA, CANALHAS!

Jean Wyllys, deputado pelo PSOL do Rio de Janeiro:

Bruno Araújo, que havia ajudado Janaína a entregar o pedido a Cunha, deu o voto que permitiu o envio do processo de impeachment para o Senado.

"Deus" foi repetido 58 vezes.

SR. PRESIDENTE, QUANTA HONRA O DESTINO ME RESERVOU DE PODER DA MINHA VOZ SAIR O GRITO DE ESPERANÇA DE MILHÕES DE BRASILEIROS. SENHORAS E SENHORES, PERNAMBUCO NUNCA FALTOU AO BRASIL. CARREGO COMIGO NOSSAS HISTÓRIAS DE LUTA PELA LIBERDADE E PELA DEMOCRACIA. POR ISSO, EU DIGO AO BRASIL "SIM" PELO FUTURO!

UM GRANDE ACORDO NACIONAL

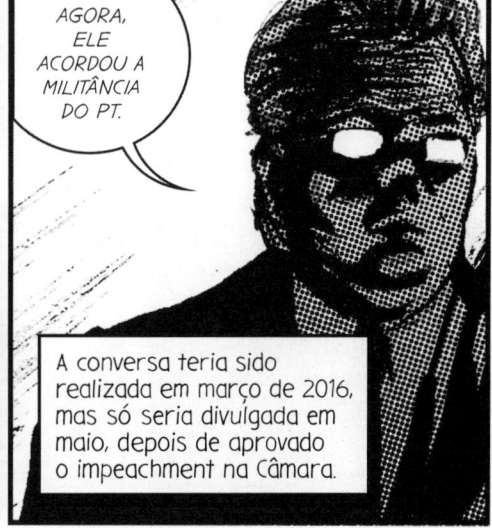

No dia 23 de maio de 2016, vem a público uma conversa entre Romero Jucá, do PMDB, ministro do Planejamento empossado após o afastamento de Dilma, e o ex-presidente da Transpetro Sérgio Machado.

— MAS VIU, ROMERO, ENTÃO, EU ACHO A SITUAÇÃO GRAVÍSSIMA.

— EU SÓ ACHO O SEGUINTE: COM DILMA NÃO DÁ, COM A SITUAÇÃO QUE ESTÁ.

— NÃO ADIANTA ESSE PROJETO DE MANDAR O LULA PARA CÁ SER MINISTRO, PARA TOCAR UM GABINETE, ISSO TERMINA POR JOGAR NO CHÃO A EXPECTATIVA DA ECONOMIA.

— PORQUE SE O LULA ENTRAR, ELE VAI FALAR PARA A CUT, PARA O MST, É SÓ QUEM OUVE ELE MAIS, QUEM DÁ ALGUM CRÉDITO, O RESTO NINGUÉM DÁ MAIS CRÉDITO A ELE PARA PORRA NENHUMA.

— CONCORDA COMIGO? O LULA VAI REUNIR ALI COM OS SETORES EMPRESARIAIS?

— AGORA, ELE ACORDOU A MILITÂNCIA DO PT.

A conversa teria sido realizada em março de 2016, mas só seria divulgada em maio, depois de aprovado o impeachment na Câmara.

> O PRIMEIRO A SER COMIDO VAI SER O AÉCIO.

> TODOS, PORRA. E VÃO PEGANDO E VÃO...

> O QUE QUE A GENTE FEZ JUNTO, ROMERO, NAQUELA ELEIÇÃO, PARA ELEGER OS DEPUTADOS, PARA ELE SER PRESIDENTE DA CÂMARA? AMIGO, EU PRECISO DA SUA INTELIGÊNCIA.

> CONVERSEI ONTEM COM ALGUNS MINISTROS DO SUPREMO. OS CARAS DIZEM "Ó, SÓ TEM CONDIÇÕES DE...

> ...SEM ELA".

> ENQUANTO ELA ESTIVER ALI, A IMPRENSA, OS CARAS QUEREM TIRAR ELA, ESSA PORRA NÃO VAI PARAR NUNCA. ENTENDEU?
>
> ENTÃO... ESTOU CONVERSANDO COM OS GENERAIS, COMANDANTES MILITARES. ESTÁ TUDO TRANQUILO, OS CARAS DIZEM QUE VÃO GARANTIR. ESTÃO MONITORANDO O MST, NÃO SEI O QUÊ, PARA NÃO PERTURBAR.

> EU ACHO O SEGUINTE: A SAÍDA É OU LICENÇA, OU RENÚNCIA. A LICENÇA É MAIS SUAVE. O MICHEL FORMA UM GOVERNO DE UNIÃO NACIONAL, FAZ UM GRANDE ACORDO, PROTEGE O LULA, PROTEGE TODO MUNDO.

> EU ACHO QUE TEM QUE TER UM PACTO.

...TEM QUE RESOLVER ESSA PORRA...TEM QUE MUDAR O GOVERNO PRA PODER ESTANCAR ESSA SANGRIA....

RAPAZ, A SOLUÇÃO MAIS FÁCIL ERA BOTAR O MICHEL.

SÓ O RENAN QUE ESTÁ CONTRA ESSA PORRA. PORQUE NÃO GOSTA DO MICHEL, PORQUE O MICHEL É EDUARDO CUNHA.

GENTE, ESQUECE O EDUARDO CUNHA, O EDUARDO CUNHA ESTÁ MORTO, PORRA.

É UM ACORDO, BOTAR O MICHEL, NUM GRANDE ACORDO NACIONAL.

COM O SUPREMO, COM TUDO.

UM VICE DECORATIVO

Dilma Rousseff sucedeu Lula na Presidência da República em 2010.

Assim como Lula, ela também era do PT.

Lula escolheu Dilma, acenando ao mercado com um nome técnico e não um nome político.

Mas, no modelo de presidencialismo de coalizão, também era necessário fazer política. E ninguém fazia política no Congresso sem o apoio do maior partido brasileiro: o PMDB.

Lula chegou a comentar com dirigentes do PT que queria, como vice de Dilma, Henrique Meirelles, executivo da área financeira com passagem pelo BankBoston, além de ter assumido a presidência do Banco Central durante o governo Lula.

No dia 12 de junho de 2010, o PMDB anunciou em tom festivo a escolha do então presidente da Câmara, Michel Temer, como vice de Dilma na corrida para o Planalto.

Diferentemente de Dilma, Temer não foi a opção de Lula.

Parece anacrônico dizer, hoje, que a escolha de Michel Temer como vice de Dilma foi a anunciação de um golpe.

Parece?

Eu fiquei muito surpreso quando descobri o artigo do historiador Luiz Felipe de Alencastro...

...publicado no dia 25 de outubro de 2009, no jornal *Folha de S. Paulo*, com o título de "Os riscos do vice-presidencialismo":

"(...) Parte do sucesso dos dois mandatos de FHC e de Lula repousa, aliás, na escolha de vice-presidentes que cumpriram suas funções com relativa discrição e total fidelidade aos dois presidentes, antes e depois das eleições."

"Caso o deputado Michel Temer venha a ser o candidato a vice-presidente na chapa da ministra Dilma Rousseff, configura-se uma situação paradoxal. Uma presidenciável desprovida de voo próprio na esfera nacional, sem nunca ter tido um voto na vida, estará coligada a um vice que maneja todas as alavancas do Congresso e da máquina partidária peemedebista."

"A declaração de Lula sobre a eventual aliança de Jesus e Judas deu lugar a um extravagante debate teológico. (...) só o futuro dirá se a frase de Lula terá sido uma simples metáfora ou uma funesta premonição."

Quando questionado sobre o que achava do artigo, Temer respondeu: "A minha presença só fará aumentar a interlocução do governo com o Congresso."

Em 2015, Temer assumiu pela segunda vez o cargo de vice.

Mais tarde, o Congresso passou a ser presidido por Eduardo Cunha.

Naquele mesmo ano, o PMDB realizava reuniões com economistas, políticos e empresários para discutir a formulação de um documento que mais tarde seria conhecido como *Uma ponte para o futuro*.

O documento foi apresentado no dia 29 de outubro de 2015 na Fundação Ulysses Guimarães, em Brasília, durante um congresso nacional do PMDB, na presença do então vice-presidente Michel Temer.

Tudo ocorreu sem a consulta e, é claro, sem a presença da presidenta Dilma Rousseff.

EM FACE DO MOMENTO QUE NÓS VIVEMOS, PARA TER UMA DIRETRIZ DO PMDB...

...PARA QUE NÓS POSSAMOS REALMENTE REPROGRAMAR A ECONOMIA BRASILEIRA E TAMBÉM PARA GARANTIR OS DIREITOS SOCIAIS.

Uma ponte para o futuro tinha dezenove páginas e cerca de 6.630 palavras. Entre os termos mais frequentes do texto, estão: economia, fiscal, orçamento, juros, PIB, prescrevendo um aprofundamento da agenda neoliberal.

Um novo encontro entre os líderes do PMDB foi celebrado em Brasília no dia 17 de novembro de 2015.

Entre os presentes, Eduardo Cunha e Michel Temer.

O PMDB TEM QUE BUSCAR SEU CAMINHO, E ESSA VOZ NÃO PODE SER ABAFADA POR MEIA DÚZIA DE CARGUINHOS PARA PODER CALAR AQUELES QUE NÃO TÊM COMPROMISSO COM O PARTIDO.

NA POLÍTICA VOCÊ TEM VALORES, TEM O VALOR PARTIDO POLÍTICO, TEM O VALOR GOVERNO, E TEM O VALOR PAÍS. O VALOR QUE TEM QUE SER DISCUTIDO AGORA É O VALOR PAÍS.

Cinco dias depois, em 7 de dezembro de 2015, Michel Temer se encontrou com empresários paulistas em reunião fechada.

Estavam presentes dirigentes e convidados da Federação do Comércio do Estado de São Paulo (Fecomercio).

No encontro, Temer apresentou sua "ponte para o futuro", com o pacote completo: flexibilização das leis trabalhistas...

...fim da indexação do salário dos aposentados ao salário mínimo e fim das vinculações constitucionais no orçamento...

...o que afetaria — e afetou — mais tarde os recursos destinados à saúde e à educação.

Temer foi recebido com aplausos. Entre os presentes, o jurista Ives Gandra Martins, primeiro a elaborar um parecer favorável ao impeachment. Segundo relatos, Temer não falou diretamente sobre o impeachment.

Antes de virar completamente as costas para a presidenta Dilma, Temer lhe escreveu uma carta.

"Esta é uma carta pessoal. É um desabafo que já deveria ter feito há muito tempo."

"Passei os quatro primeiros anos de governo como vice decorativo. A senhora sabe disso. Perdi todo protagonismo político que tivera no passado e que poderia ter sido usado pelo governo."

"A senhora, no segundo mandato, à última hora, não renovou o Ministério da Aviação Civil onde o Moreira Franco fez belíssimo trabalho elogiado durante a Copa do Mundo."

"Sabia que ele era uma indicação minha. Quis, portanto, desvalorizar-me."

"No episódio Eliseu Padilha, mais recente, [quando] ele deixou o Ministério (...) alardeou-se a) que fora retaliação a mim; b) que ele saiu porque faz parte de uma suposta 'conspiração'."

"Passados estes momentos críticos, tenho certeza de que o País terá tranquilidade para crescer e consolidar as conquistas sociais."

Em 2017, Temer, Padilha e Moreira Franco foram acusados pela PGR de organização criminosa.

Durante uma entrevista à revista *Veja*, José Yunes, amigo de Temer, disse que, em 2014, Padilha pediu a ele que recebesse um pacote.

Yunes teria recebido, em seu escritório em São Paulo, Lúcio Funaro, doleiro ligado a Eduardo Cunha, que lhe teria dito:

ESTAMOS FINANCIANDO 140 DEPUTADOS... PORQUE VAMOS FAZER O EDUARDO PRESIDENTE DA CASA.

Padilha e Temer negam a história.

Temer conclui sua carta à presidenta Dilma dizendo:

"Finalmente, sei que a senhora não tem confiança em mim e no PMDB, hoje, e não terá amanhã."

Eu me pergunto: não teria ela motivos para isso?

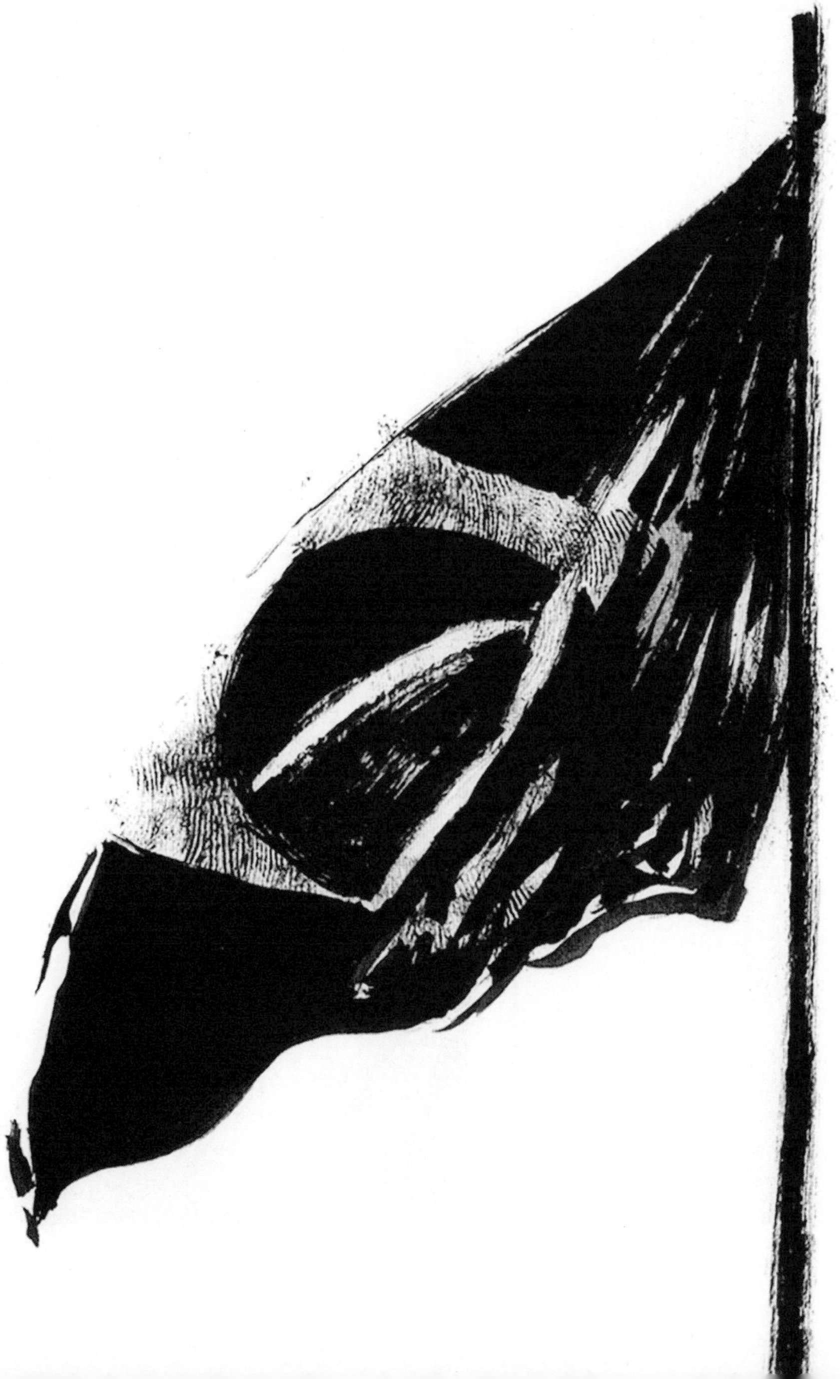

As manifestações de junho de 2013.

Os protestos contra a Copa. A negação do resultado das urnas.

A adoção da pauta derrotada pelo Partido dos Trabalhadores e as indecisões diante das manifestações de direita.

Um forte opositor à frente de uma das casas do Legislativo.

Um vice que não se conformava em estar em segundo plano.

A oportunidade de impor, completamente, uma agenda neoliberal.

Mídia.

Lava Jato.

Crise econômica.

Pedaladas.

Protestos.

7 x 1.

Sozinhos, nenhum desses fenômenos seria suficiente para derrubar uma presidenta democraticamente eleita.

A QUEDA

O CIRCO DAS MULHERES

8 de agosto de 2016, 19h40. As mulheres tomam o centro do picadeiro do Circo da Democracia.

"APRENDI COM A PRIMAVERA A DEIXAR-ME CORTAR E VOLTAR SEMPRE INTEIRA." CECÍLIA MEIRELES, POETA BRASILEIRA.

"MAIS ESPERANÇA NOS MEUS PASSOS DO QUE TRISTEZA NOS MEUS OMBROS." CORA CORALINA, POETA BRASILEIRA.

"NÃO ACREDITO EM VERDADES RELATIVAS. PARA MIM, A VERDADE TEM QUE SER ABSOLUTA...

...UMA VERDADE RELATIVA É UMA MEIA-VERDADE E UMA MEIA-VERDADE NÃO PASSA DE UMA MEIA MENTIRA." ANITA GARIBALDI, REVOLUCIONÁRIA BRASILEIRA.

"NASCI EM TEMPOS RUDES. ACEITEI CONTRADIÇÕES, LUTAS E PEDRAS COMO LIÇÕES DE VIDA E DELAS ME SIRVO. APRENDI A VIVER." CORA CORALINA.

"QUE NADA NOS DEFINA. QUE NADA NOS SUJEITE. QUE A LIBERDADE SEJA A NOSSA PRÓPRIA SUBSTÂNCIA.

QUERER SER LIVRE É TAMBÉM QUERER LIVRES OS OUTROS." SIMONE DE BEAUVOIR, ESCRITORA, FILÓSOFA E FEMINISTA FRANCESA.

> No dia 29 de agosto de 2016, o presidente do Supremo Tribunal Federal, Ricardo Lewandowski, deu início à última etapa do processo de impeachment, concedendo a palavra a Dilma Rousseff.

...CIDADÃS E CIDADÃOS DE MEU AMADO BRASIL, NO DIA 1º DE JANEIRO DE 2015 ASSUMI MEU SEGUNDO MANDATO NA PRESIDÊNCIA DA REPÚBLICA.

AO EXERCER A PRESIDÊNCIA DA REPÚBLICA, RESPEITEI FIELMENTE O COMPROMISSO QUE ASSUMI PERANTE A NAÇÃO E AOS QUE ME ELEGERAM. E ME ORGULHO DISSO.

SEMPRE ACREDITEI NA DEMOCRACIA E NO ESTADO DE DIREITO E SEMPRE VI NA CONSTITUIÇÃO DE 1988 UMA DAS GRANDES CONQUISTAS DO NOSSO POVO.

NESTA JORNADA PARA ME DEFENDER DO IMPEACHMENT, ME APROXIMEI MAIS DO POVO, TIVE OPORTUNIDADE DE OUVIR SEU RECONHECIMENTO, DE RECEBER SEU CARINHO.

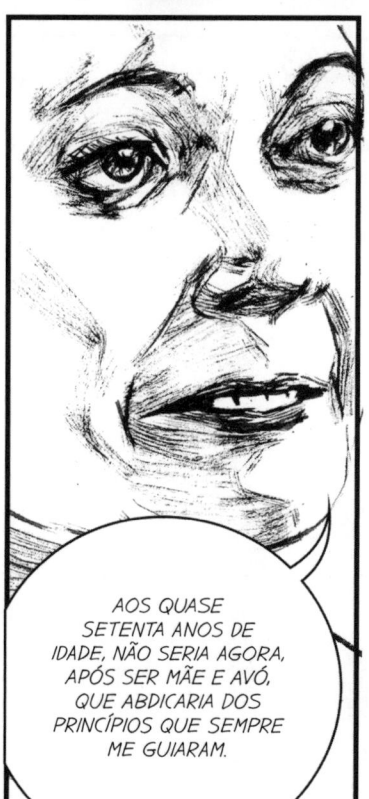

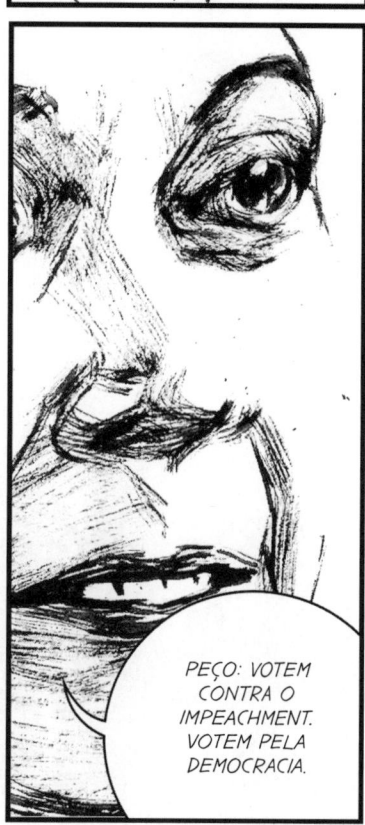

OUVI TAMBÉM CRÍTICAS DURAS AO MEU GOVERNO, A ERROS QUE FORAM COMETIDOS E A MEDIDAS E POLÍTICAS QUE NÃO FORAM ADOTADAS.

ACOLHO ESSAS CRÍTICAS COM HUMILDADE. ATÉ PORQUE, COMO TODOS, TENHO DEFEITOS E COMETO ERROS.

NA LUTA CONTRA A DITADURA, RECEBI NO MEU CORPO AS MARCAS DA TORTURA. AMARGUEI POR ANOS O SOFRIMENTO DA PRISÃO. VI COMPANHEIROS E COMPANHEIRAS SENDO VIOLENTADOS E ATÉ ASSASSINADOS.

AOS QUASE SETENTA ANOS DE IDADE, NÃO SERIA AGORA, APÓS SER MÃE E AVÓ, QUE ABDICARIA DOS PRINCÍPIOS QUE SEMPRE ME GUIARAM.

NO PASSADO, COM AS ARMAS, E HOJE, COM A RETÓRICA JURÍDICA, PRETENDEM NOVAMENTE ATENTAR CONTRA A DEMOCRACIA E CONTRA O ESTADO DE DIREITO.

PEÇO: VOTEM CONTRA O IMPEACHMENT. VOTEM PELA DEMOCRACIA.

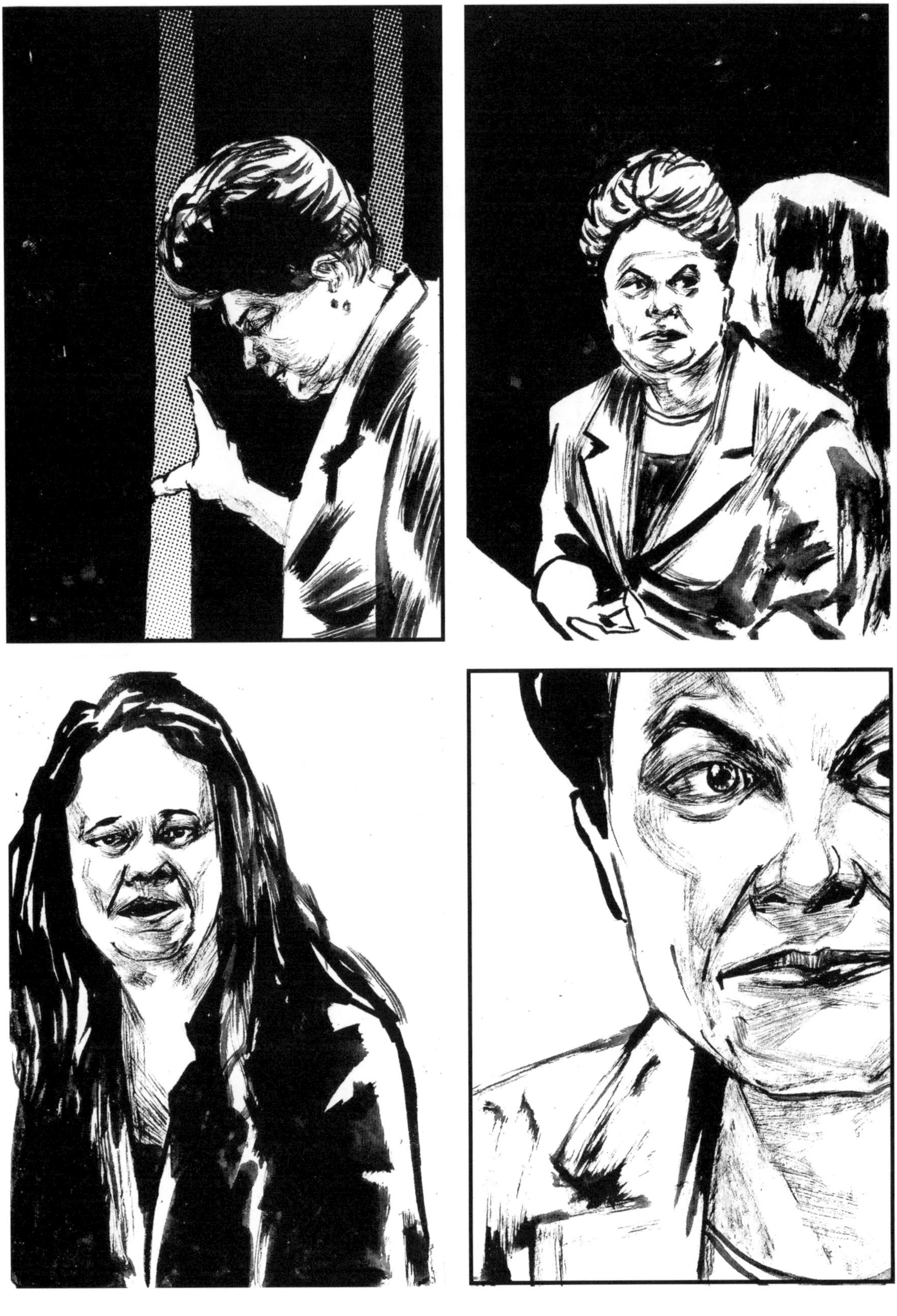

No dia seguinte, foi a vez de Janaína Paschoal.

"MESMO ESTANDO CERTA, EU PEÇO DESCULPAS."

"FINALIZO PEDINDO DESCULPAS PARA A SENHORA PRESIDENTE DA REPÚBLICA."

"EU PEÇO DESCULPAS PORQUE EU SEI QUE, MUITO EMBORA NÃO FOSSE ESSE O MEU OBJETIVO, EU LHE CAUSEI SOFRIMENTO."

"E EU PEÇO QUE ELA..."

"...UM DIA ENTENDA QUE FIZ ISSO PENSANDO TAMBÉM NOS NETOS DELA."

O CIRCO DA ENTREVISTA

Depois de um longo discurso, Dilma se despedia do Circo da Democracia naquele 8 de agosto de 2016.

Era a minha oportunidade.

Eu só tinha que perguntar pra ela.

Uma pergunta inteligente e provocadora.

Que a fizesse parar.

Que a obrigasse a responder.

Um furo jornalístico.

OI, DILMA, MEU NOME É ROBSON VILALBA.

ESTOU TRABALHANDO EM UM LIVRO.

UMA MATÉRIA...

EU SÓ QUERIA FAZER UMA PERGUNTA.

EU QUERIA SABER...

SE...

POR QUÊ...

DILMA...

EU...

SÓ...

...EM QUADRINHOS.

É.

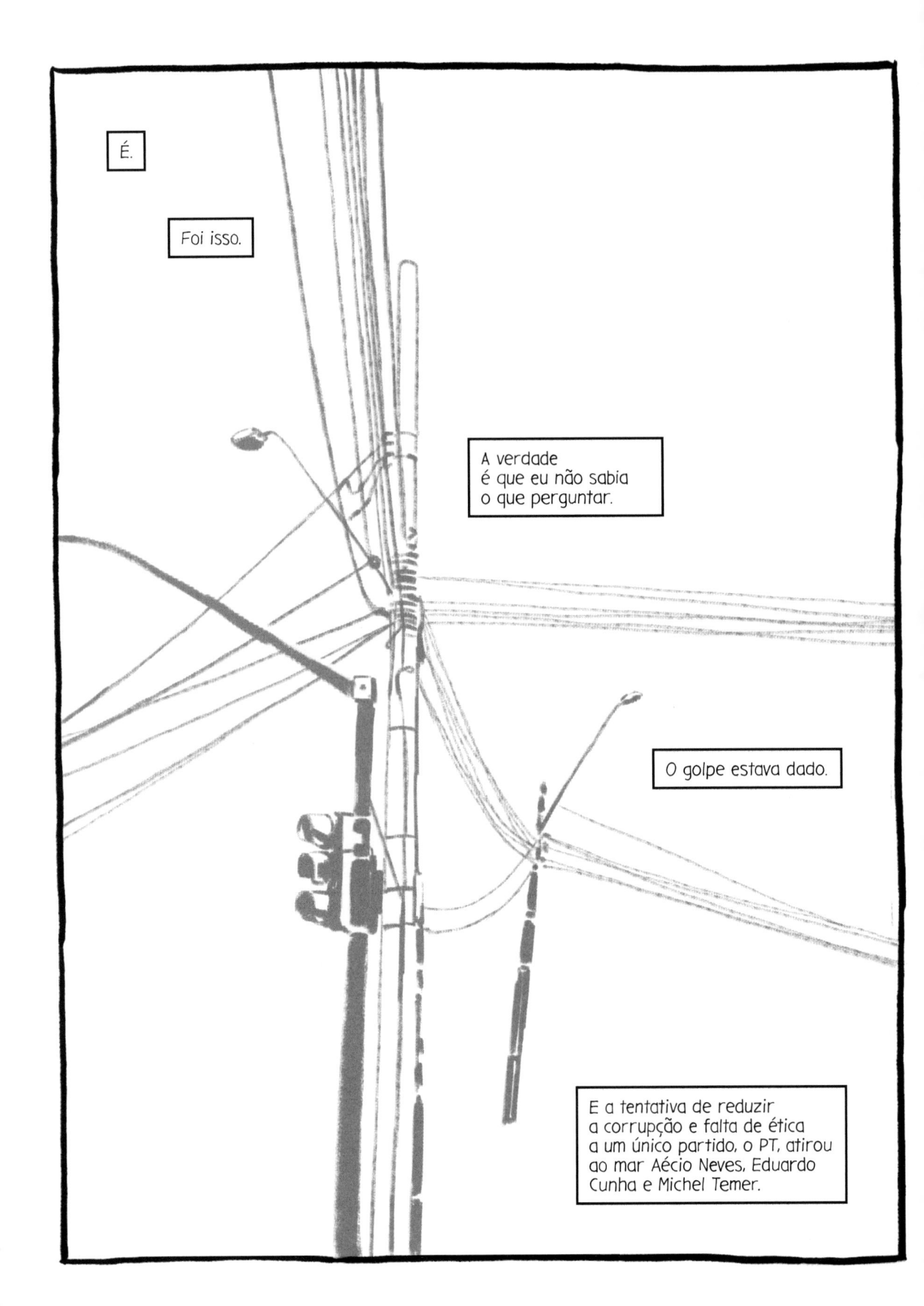

Foi isso.

A verdade é que eu não sabia o que perguntar.

O golpe estava dado.

E a tentativa de reduzir a corrupção e falta de ética a um único partido, o PT, atirou ao mar Aécio Neves, Eduardo Cunha e Michel Temer.

Luiz Inácio Lula da Silva foi perseguido e preso por uma conspiração jurídica que, mais tarde, seria exposta pelas reportagens da série Vaza Jato, colocando em xeque a imparcialidade do juiz Sergio Moro, que ocupou a cadeira de ministro da Justiça do governo eleito com o discurso de acabar com o PT.

Ao PT restava o golpe.

E o partido soube muito bem usar esse fato político, sequestrando a narrativa. Dali em diante, tudo que pudesse macular sua imagem, as leis criadas no governo Dilma com intuito de limitar protestos sociais, o início da agenda neoliberal de austeridade, a passividade perante onda de extrema direita, tudo que pudesse expor as contradições do partido seria acusado por eles de golpista.

E, por outro lado, o antipetismo uniu diversos interesses em torno de um único objetivo: impedir que o partido retornasse ao poder.

Nas eleições de 2018, o país foi entregue a um político de extrema direita, Jair Messias Bolsonaro, cuja família tinha fortes suspeitas de envolvimento com milícias, desvio de dinheiro público e enriquecimento ilícito. Um aventureiro populista, capaz de atrair até mesmo os votos dos eleitores do PT.

A democracia brasileira sofreu um golpe em 2016.

O golpe colocou o Brasil na lista dos países democráticos que agonizavam no início do século XXI.

Democracias que já eram passíveis de golpes sem o uso de armas...

...autoritárias...

...despóticas.

É possível dizer que não nos dividimos entre aqueles que acreditam que foi golpe e aqueles que não acreditam...

...e sim entre aqueles que apoiaram e aqueles que não apoiaram o golpe.

De maneira paradoxal,
a antidemocracia chegou ao poder.

E usou a democracia para isso.

REFERÊNCIAS

"47% foram à Avenida Paulista em 15 de março protestar contra a corrupção", Datafolha, 17 mar. 2015. Disponível em: https://datafolha.folha.uol.com.br/opiniaopublica/2015/03/1604284-47-foram-a-avenida-paulista-em-15-de-marco-protestar-contra-a-corrupcao.shtml.

"A acusadora", *Piauí*, n. 122, nov. 2016. Disponível em: https://piaui.folha.uol.com.br/materia/a-acusadora-janaina-paschoal/.

"Aécio: campanha teve lado 'macabro' e lado 'lindo', do despertar dos brasileiros", *O Globo*, 4 nov. 2014. Disponível em: https://oglobo.globo.com/brasil/aecio-campanha-teve-lado-macabro-lado-lindo-do-despertar-dos-brasileiros-14459848.

AMARAL, Ricardo Batista. *A vida quer é coragem: a trajetória de Dilma Rousseff, a primeira presidenta do Brasil*. Rio de Janeiro: Sextante, 2011.

"As armas e os varões", *Piauí*, n. 31, abr. 2009. Disponível em: https://piaui.folha.uol.com.br/materia/as-armas-e-os-varoes/.

"Áudios mostram que partidos financiaram MBL em atos pró-impeachment", *UOL*, 27 maio 2016. Disponível em: https://noticias.uol.com.br/politica/ultimas-noticias/2016/05/27/maquina-de-partidos-foi-utilizada-em-atos-pro-impeachment-diz-lider-do-mbl.htm.

BIANCHI, Alvaro. "O que é um golpe de estado?", *Blog Junho*, 26 mar. 2016. Disponível em: http://blogjunho.com.br/o-que-e-um-golpe-de-estado/.

BOBBIO, Norberto; MATTEUCCI, Nicola & PASQUINO, Gianfranco. *Dicionário de política*. Brasília: Editora Universidade de Brasília, 1995.

"Brasil tem eleição para presidente mais apertada desde 1989", *G1*, 26 out. 2014. Disponível em: http://g1.globo.com/politica/eleicoes/2014/blog/eleicao-em-numeros/post/brasil-tem-eleicao-para-presidente-mais-apertada-desde-1989.html.

"Brasileirinhas lança 'Operação Leva Jato', versão pornô da Lava Jato", *Metrópoles*, 12 maio 2016. Disponível em: https://www.metropoles.com/sai-do-serio/ta-bombando/brasileirinhas-lanca-operacao-leva-jato-versao-porno-da-lava-jato.

CAVALCANTI, Bernardo Margulies & VENERIO, Carlos Magno Spricigo. "Uma ponte para o futuro? Reflexões sobre a plataforma política do governo Temer", *Revista de informação legislativa*, v. 54, n. 215, p. 139-62, jul.-set. 2017. Disponível em: https://www12.senado.leg.br/ril/edicoes/54/215/ril_v54_n215_p139.

"Cinco razões que explicam queda de Marina Silva", *BBC Brasil*, 5 out. 2014. Disponível em: https://www.bbc.com/portuguese/noticias/2014/10/141003_marina_queda_ru.

"Com mais de 20 protestos, 1ª semana de Copa tem 180 detidos em atos", *G1*, 14 jun. 2014. Disponível em: http://g1.globo.com/politica/noticia/2014/06/com-mais-de-20-protestos-1-semana-de-copa-tem-180-detidos-em-atos.html.

"Congresso aprova MP 579 e garante redução da conta de luz a partir de janeiro", *Portal Fiesp*, 18 dez. 2012. Disponível em: https://www.fiesp.com.br/noticias/congresso-aprova-mp-579-e-garante-reducao-na-conta-de-luz-a-partir-de-janeiro/.

"Corrupção está no Executivo, diz Cunha", *Folha de S. Paulo*, 17 mar. 2015. Disponível em: https://www1.folha.uol.com.br/fsp/poder/212157-corrupcao-esta-no-executivo-diz-cunha.shtml.

"Delegados da Lava Jato exaltam Aécio e atacam PT na rede", *O Estado de S. Paulo*, 13 nov. 2014. Disponível em: https://politica.estadao.com.br/noticias/geral,delegados-da-lava-jato-exaltam-aecio-e-atacam-pt-na-rede,1591953.

"Derrota por 7 x 1 na Copa influenciou nas eleições, dizem pesquisadores", *Folha de S. Paulo*, 20 mar. 2017. Disponível em: https://www1.folha.uol.com.br/poder/2017/03/1868028-derrota-por-7x1-na-copa-influenciou-no-impeachment-dizem-pesquisadores.shtml.

"Dilma é aprovada por 79% e supera Lula e FHC, diz CNI/Ibope", *UOL*, 19 mar. 2013. Disponível em: https://noticias.uol.com.br/politica/ultimas-noticias/2013/03/19/dilma-cni-ibope.htm.

"Dilma se reelegeu com 38% dos votos totais", *Congresso em Foco*, 27 out. 2014. Disponível em: https://congressoemfoco.uol.com.br/especial/noticias/dilma-se-reelegeu-com-38-dos-votos-totais/.

"Dilma se reúne com integrantes do MPL no Planalto", *Folha de S. Paulo*, 24 jun. 2013. Disponível em: https://www1.folha.uol.com.br/cotidiano/2013/06/1300405-dilma-se-reune-com-integrantes-do-mpl-no-planalto.shtml.

"Documentos revelam esquema de agência dos EUA para espionar Dilma", *G1*, 1º set. 2013. Disponível em: http://g1.globo.com/fantastico/noticia/2013/09/documentos-revelam-esquema-de-agencia-dos-eua-para-espionar-dilma-rousseff.html.

"Em diálogos gravados, Jucá fala em pacto para deter avanço da Lava Jato", *Folha de S. Paulo*, 23 maio 2016. Disponível em: https://www1.folha.uol.com.br/poder/2016/05/1774018-em-dialogos-gravados-juca-fala-em-pacto-para-deter-avanco-da-lava-jato.shtml.

"Em menos de 24 horas, Dilma recua de Constituinte", *Veja*, 25 jun. 2013. Disponível em: https://veja.abril.com.br/politica/em-menos-de-24-horas-dilma-recua-de-constituinte/.

"Esfera de Influência: como os libertários americanos estão reinventando a política latino-americana", *The Intercept*, 11 ago. 2017. Disponível em: https://theintercept.com/2017/08/11/esfera-de-influencia-como-os-libertarios-americanos-estao-reinventando-a-politica-latino-americana/.

"Esvaziada, marcha que saiu de SP para pedir impeachment chega ao Congresso", *UOL*, 27 mai. 2015. Disponível em: https://noticias.uol.com.br/politica/ultimas-noticias/2015/05/27/esvaziada-marcha-que-saiu-de-sp-para-pedir-impeachment-chega-ao-congresso.htm.

FIESP; CUT; FORÇA SINDICAL, SINDICATO METALÚRGICOS DE SÃO PAULO & SINDICATO DOS METALÚRGICOS DO ABC. *Brasil do diálogo, da produção e do emprego: acordo entre trabalhadores e empresários pelo futuro da produção e emprego*, 2011.

"Fiesp e Firjan defendem impeachment de Dilma", *O Globo*, 17 mar. 2016. Disponível em: https://oglobo.globo.com/economia/fiesp-firjan-defendem-impeachment-de-dilma-18902113.

"Kakay: 'Algum juiz vai ter coragem de não homologar a delação?'", *Época*, 23 jan. 2015. Disponível em: https://epoca.globo.com/tempo/noticia/2015/01/kakay-algum-juiz-vai-ter-coragem-de-bnao-homologarb.html.

"Koch Brothers' Funds Support Anti-Dilma Protests in Brazil", *The Real News*, 14 set. 2015. Disponível em: https://therealnews.com/mfox0911brazil.

JUDENSNAIDER, Elena *et al*. *20 centavos: a luta contra o aumento*. São Paulo: Veneta, 2013.

"Lava Jato tem 116 condenados e 27 presos em mais de 3 anos de operação", *G1*, 6 jul. 2017. Disponível em: https://g1.globo.com/politica/operacao-lava-jato/noticia/lava-jato-tem-116-condenados-e-27-presos-em-mais-de-3-anos-de-operacao.ghtml.

LIMONGI, Fernando. "O passaporte de Cunha e o impeachment: a crônica de uma tragédia anunciada", *Novos Estudos*, n. 103, p. 99-112, nov. 2015. Disponível em: https://www.scielo.br/scielo.php?script=sci_arttext&pid=S0101-33002015000300099&lng=en&nrm=iso.

"Lula insiste em Meirelles para vice de Dilma", *O Estado de S. Paulo*, 27 jan. 2010. Disponível em: https://politica.estadao.com.br/noticias/geral,lula-insiste-em-meirelles-para-vice-de-dilma,502150.

"Manifestantes fazem maior protesto nacional contra o governo Dilma", *G1*, 13 mar. 2016. Disponível em: http://g1.globo.com/politica/noticia/2016/03/manifestacoes-contra-governo-dilma-ocorrem-pelo-pais.html.

"Mares nunca dantes navegados", *Piauí*, n. 34, jul. 2009. Disponível em: https://piaui.folha.uol.com.br/materia/mares-nunca-dantes-navegados/.

MARTINS, Ives Gandra da Silva. *Parlamentarismo: realidade ou utopia?*. São Paulo: Fecomercio, 2016.

"Não é crime falar de impeachment, diz Aécio", *Folha de S. Paulo*, 11 fev. 2015. Disponível em: https://www1.folha.uol.com.br/poder/2015/02/1588231-nao-e-crime-falar-de-impeachment-diz-aecio.shtml.

NETTO, Vladimir. *Lava Jato: o juiz Sergio Moro e os bastidores da operação que abalou o Brasil*. Rio de Janeiro: Primeira Pessoa, 2016.

"Papéis de militares expõem atuação da Fiesp no golpe de 64", *Folha de S. Paulo*, 1º jun. 2014. Disponível em: https://www1.folha.uol.com.br/poder/2014/06/1463226-papeis-de-militares-expoem-atuacao-da-fiesp-no-golpe-de-64.shtml.

"Petrobras foi espionada pelos EUA, apontam documentos da NSA", *G1*, 8 set. 2013. Disponível em: http://g1.globo.com/fantastico/noticia/2013/09/petrobras-foi-espionada-pelos-eua-apontam-documentos-da-nsa.html

"Plenário do TSE: PSDB não encontra fraude nas Eleições 2014", Tribunal Superior Eleitoral, 5 nov. 2015. Disponível em: https://www.tse.jus.br/imprensa/noticias-tse/2015/Novembro/plenario-do-tse-psdb-nao-encontra-fraude-nas-eleicoes-2014

"PMDB divulga documento com críticas e propostas econômicas", G1, 29 out. 2015. Disponível em: http://g1.globo.com/jornal-nacional/noticia/2015/10/pmdb-divulga-documento-com-criticas-e-propostas-economicas.html.

"PSDB de Aécio Neves pede auditoria na votação", O Estado de S. Paulo, 30 out. 2014. Disponível em: https://politica.estadao.com.br/noticias/geral,psdb-de-aecio-neves-pede-auditoria-na-votacao,1585755.

"Senado aprova MP que restringe o acesso ao seguro-desemprego", G1, 26 maio 2015. Disponível em: http://g1.globo.com/politica/noticia/2015/05/senado-aprova-mp-que-restringe-o-acesso-ao-seguro-desemprego.html.

SINGER, André. "Cutucando onças com varas curtas: o ensaio desenvolvimentista no primeiro mandato de Dilma Rousseff (2011-2014)", Novos Estudos, n. 102, p. 39-67, jul. 2015.

SOLER, Lorena. "Golpes de estado en el siglo XXI: un ejercicio comparado: Haití (2004), Honduras (2009) y Paraguay (2012)", Brazilian Journal of Latin American Studies, v. 14, n. 26, 2015. Disponível em: https://www.revistas.usp.br/prolam/article/view/103317.

"Três grupos organizam os atos anti-Dilma, em meio a divergências", El País Brasil, 15 mar. 2015. Disponível em: https://brasil.elpais.com/brasil/2015/03/13/politica/1426285527_427203.html.

"Veja os documentos ultrassecretos que comprovam espionagem a Dilma", G1, 2 set. 2013. Disponível em: http://g1.globo.com/fantastico/noticia/2013/09/veja-os-documentos-ultrassecretos-que-comprovam-espionagem-dilma.html.

VILALBA, Robson. "Precisamos falar sobre o lulismo", Gazeta do Povo, 2016 apud FERREIRA, Bruno Caron. Humor visual em tempos de crise política: Robson Vilalba, a reinvenção dos quadrinhos na imprensa brasileira. Curitiba: Universidade Federal do Paraná, 2018, p. 119. Disponível em: https://acervodigital.ufpr.br/bitstream/handle/1884/58467/FERREIRA_bruno_caron_humor_visual_em_tempos_de_crise_politica.pdf.

AGRADECIMENTOS

Preciso muito agradecer algumas pessoas sem as quais este livro não seria possível, agradecer aqueles que aceitaram conversar comigo e dividir sua inteligência e leitura dos fatos, iluminando o caminho por onde eu passaria: Audálio Dantas (falecido em 30 de maio de 2018), Flávia Oliveira, Kelly Prudencio, Telma Luzzani, Marcela Vianna, André Singer, Álvaro Nunes, Vladimir Safatle, Saulo Lindorfer, Eneida Desiree Salgado, Pablo Ortellado, Guilherme Boulos, Ciro Gomes, Felipe Calabrez, Arthur Murta, Ives Gandra Martins, Elena Judensnaider, Ruy Braga, Lincoln Secco, Daniel Aarão Reis, Rafael Neves, João Guilherme Frey, Sérgio Luis de Deus, André Amorim e Bibiana Leme.

Devo muito este livro ao meu amigo Rafael Waltrick, jornalista e roteirista, que acompanhou todo o processo, e aos conselhos dos meus amigos Rodrigo Otávio dos Santos, Ton Joslin, Acleilton Ganzert, Érico Assis, Akira Shishito, Marcelo Bezerra, Bruno Jardini Mäder, Fábio Hasegawa, Rogerio Galindo, Augusto Paim e Rodrigo Rezino, bem como ao olhar atento dos narradores visuais Wagner Willian, Marcelo D'Salete, Rafael Campos Rocha, Rafael Coutinho e Pablito Aguiar, que também botaram fé nessa tentativa de contar o que ainda estamos tentando entender.

Claro, devo muito à minha esposa, Ana Caroline Giordani, por ter me suportado falar sobre este livro até quando nem eu mesmo aguentava mais, e à Cecilia Vilalba, minha filha, que desenhou um dos quadros da p. 134.

Aos meus pais, Everson e Neuza, e às minhas irmãs Roberta e Renata.

E, por fim, à equipe da Editora Elefante, responsável pela revisão e edição final dos originais.

SOBRE O AUTOR

Robson Vilalba é ilustrador e animador. Formado em ciências sociais pela Universidade Estadual de Londrina e mestre em sociologia pela Universidade Federal do Paraná. Teve reportagens em quadrinhos publicadas por *Folha de S. Paulo*, *Le Monde Diplomatique Brasil* e *Gazeta do Povo*. Em 2014, recebeu o Prêmio Vladimir Herzog de Jornalismo e Direitos Humanos. É autor do livro-reportagem em quadrinhos *Notas de um tempo silenciado* (Besouro Box, 2015), sobre a ditadura brasileira. Mantém o perfil @vilalba_illustration no Instagram. Em 2020, publicou nas redes da Elefante os quadrinhos da série "Quando o corona vai embora?", que retrata a relação do artista com a filha durante a quarentena.

[cc] Editora Elefante, 2021

Primeira edição, junho de 2021
São Paulo, Brasil

Você tem a liberdade de compartilhar, copiar,
distribuir e transmitir esta obra, desde que cite
a autoria e não faça uso comercial.

Dados Internacionais de Catalogação na Publicação (CIP)
Angélica Ilacqua CRB-8/7057

Vilalba, Robson
    Um grande acordo nacional / Robson Vilalba.
— São Paulo : Elefante, 2021.
    176 p. ; il.

ISBN 978-65-87235-46-2

1. Brasil – Política e governo - História em quadrinhos
I. Título

21-1687   CDD 320.981

Índices para catálogo sistemático:
1. Brasil – Política e governo – História em quadrinhos

Editora Elefante
editoraelefante.com.br
editoraelefante@gmail.com
fb.com/editoraelefante
@editoraelefante

FONTES Blessing in Disguise, Brown, Druk & Gargle
PAPÉIS Cartão 250 g/m² & Offset 90 g/m²
IMPRESSÃO BMF Gráfica